大学数学の入門❷

代数学II 環上の加群

桂 利行──［著］

東京大学出版会

Algebra II　Modules
(Introductory Texts for Undergraduate Mathematics 2)
Toshiyuki KATSURA
University of Tokyo Press, 2007
ISBN978-4-13-062952-2

はじめに

　大学に入学してすぐに習う科目に線形代数がある．行列と行列式がそのテーマであるが，抽象的に見直せば，これは，ベクトル空間の理論である．ベクトル空間とは，加法群に体の作用が与えられたものである．体のかわりに環を考え，環の作用が与えられた加法群を環上の加群という．本書では，ベクトル空間の一般化であるこの環上の加群を取り上げ，その理論の解説を行う．

　第1章では環上の加群の基礎理論を学ぶ．単因子論と有限生成アーベル群の基本定理がこの章の目標となっている．第2章はテンソル積の解説である．その構成と基本的性質の解説のあと，テンソル代数を導入する．外積代数は応用が広い重要な概念であるので多少詳しく解説した．第3章では有限群の表現論を扱った．有限群の表現は，群環上の加群の理論とみることができることを強調しつつ，指標とその直交関係など，基本的な性質はおおよそ解説した．第4章では有限的な性質であるネター性について述べ，最後は，有限群の群環の構造と関連して，半単純環の構造を決めるウェッダーバーンの構造定理で締めくくった．各章末には，数多くの演習問題を載せてある．理解を確実なものにするための基礎的な問題が主であるが，本文中には解説できなかった重要な概念を理解するためのものもある．たとえば，環上の加群の局所化，平坦性，単射加群，誘導表現，根基，準素イデアルなどの概念については，演習問題を順に解くことによってひととおりの知識が得られるよう配慮した．

　本書は，東京大学理学部数学科3年次後期に著者が行った「代数学II」という講義に基づいている．東京大学では，数学科で学ぶすべての学生の基礎として3年次前期に「代数学I」が講義されている．「代数学II」はこれに続く科目であるが，代数学を研究していく学生に基礎知識を与える役割も担っている．本書はできるだけ自己包含的になるよう執筆したが，『代数学I　群と環』（参考文献 [3]）に対応する代数学の知識は仮定している．東京大学数学科では3年次後期に，この「代数学II」と平行して，「代数学III」が講義されており，これら3つの講義が数学科3年次の代数系の知識の基礎を固める

役割を果たしている．本書が，これから代数学を本格的に学ぼうとする方にとって，より高度な数学への橋渡しとなれば幸いである．

　最後に，本書を執筆するにあたり，原稿のTeX化を手伝ってくださった坂田その子さんに深く感謝する．また，本書を出版するにあたり大変お世話になった財団法人東京大学出版会編集部丹内利香さんに心からの感謝の意を表したい．

2006年10月　東京にて

桂　利行

目次

はじめに ··· iii

第 1 章　環上の加群の基礎 ·· 1
- 1.1　環上の加群の定義 ·· 1
- 1.2　準同型写像と準同型定理 ·· 6
- 1.3　直和と自由加群 ·· 9
- 1.4　完全系列 ··· 14
- 1.5　単因子論 ··· 18
- 1.6　有限生成アーベル群の基本定理 ······································ 24
- 章末問題 ··· 29

第 2 章　テンソル積とテンソル代数 ··· 35
- 2.1　テンソル積の定義 ··· 35
- 2.2　テンソル積の性質 ··· 42
- 2.3　テンソル代数 ··· 48
- 2.4　交代代数と対称代数 ··· 54
- 2.5　射影加群 ··· 62
- 章末問題 ··· 68

第 3 章　有限群の表現論 ··· 73
- 3.1　群の表現 ··· 73
- 3.2　完全可約 ··· 78
- 3.3　シューアの補題とマシュケの定理 ···································· 80
- 3.4　指標 ··· 82
- 3.5　指標の第 2 直交関係 ·· 88
- 章末問題 ··· 94

第4章 ネーター加群 ……………………………… 97
4.1 ネーター加群の基礎 ……………………………… 97
4.2 クルル・レマク・シュミットの定理 …………… 102
4.3 ウェッダーバーンの構造定理 …………………… 107
章末問題 …………………………………………… 114

問題の略解 ……………………………………………… 117

参考文献 ………………………………………………… 139

記号一覧 ………………………………………………… 141

索引 ……………………………………………………… 142

人名表 …………………………………………………… 145

第1章 環上の加群の基礎

1.1 環上の加群の定義

本書では,とくに断らない限り,環は零環ではないとし,また単位元を持つとする.単位元を 1 と書き,このような環を 1 を持つ環ということもある.環上の加群とは,線形代数で学んだベクトル空間の概念の一般化であり,その基礎理論が本章の主題である.

S を集合とするとき id_S で恒等写像 $S \longrightarrow S, x \mapsto x \ (x \in S)$ を表す.状況が明らかなときは,id_S を id と書くこともある.

定義 1.1.1 R を環,M を空でない集合とする.M に加法 $x + y \in M$ $(x, y \in M)$ と,R の左からの作用 $rx \in M \ (r \in R, x \in M)$ が定義されていて,次の条件を満たすとき,M を**左 R-加群** (left R-module) という.

(M1) M は + に関しアーベル群である.すなわち次の 4 つの条件を満たす.

(M1–1) (**結合法則** (associative law)) 任意の $x, y, z \in M$ に対し,

$$(x + y) + z = x + (y + z)$$

が成り立つ.

(M1–2) (零元の存在) $0 \in M$ が存在して,任意の $x \in M$ に対して

$$0 + x = x + 0 = x$$

が成り立つ.この元 0 を M の**零元** (zero element) という.

(M1–3) (逆元の存在) 任意の $x \in M$ に対し,x に対応した元 $x' \in M$ が存在し,

$$x + x' = x' + x = 0$$

が成り立つ．この x' を x の（加法に関する）**逆元** (inverse element) といい $-x$ と書く．

(M1–4)（**交換法則** (commutative law)） 任意の $x, y \in M$ に対し，

$$x + y = y + x$$

が成り立つ．

(M2) R の M への作用は次の4つの条件を満たす．$a, b \in R$, $x, y \in M$ に対し，

(M2–1) $a(x + y) = ax + ay$.

(M2–2) $(a + b)x = ax + bx$.

(M2–3) $(ab)x = a(bx)$.

(M2–4) $1x = x$.

R を M の**係数環** (ring of scalars) という．R の元を**スカラー** (scalar) という．

注意 1.1.2 M を空でない集合とする．M に加法 $x + y \in M$ $(x, y \in M)$ と，R の右からの作用 $xr \in M$ $(r \in R, x \in M)$ が定義されていて，上記 (M1) ならびに次の条件 (M2)′ を満たすとき，M を**右 R-加群** (right R-module) という．

(M2)′ R の M への作用は次の4つの条件を満たす．$a, b \in R$, $x, y \in M$ に対し，

(M2–1)′ $(x + y)a = xa + ya$.

(M2–2)′ $x(a + b) = xa + xb$.

(M2–3)′ $x(ab) = (xa)b$.

(M2–4)′ $x = x1$.

環の理論を構成する際，左加群と右加群に本質的な差はないから，本書ではとくに断らない限り，左加群を扱うものとし，混乱の恐れがない場合は，左 R-加群をたんに R-加群と呼ぶ．また，R が可換環で左右の区別をする必要がない場合も，たんに R-加群という．

注意 1.1.3 アーベル群の場合と同様に，M の零元はただ1つ存在する．M の零元を R の零元と区別する必要があるときは，M の零元を $\mathbf{0}$, R の零元を 0 と書くものとする．この記号を用いれば，ベクトル空間のときと同様に

$$a\mathbf{0} = \mathbf{0}, \quad 0x = \mathbf{0}, \quad a(-x) = -ax, \quad (-a)x = -ax \qquad (a \in R, x \in M)$$

が成り立つ．

定義 1.1.4 $R = F$ を体とする．体 F 上の加群を F 上の**ベクトル空間** (vector space) という．

【例 1.1.5】 $R = M(n, \mathbf{R})$ を実数体 $\mathbf{R}$ 上の n 次正方行列のなす環とし，$M = \mathbf{R}^n$ とおく．$A \in M(n, \mathbf{R}), \boldsymbol{x} \in M$ に対し

$$(A, \boldsymbol{x}) \mapsto A\boldsymbol{x}$$

と作用を定義すれば，M は $M(n, \mathbf{R})$-加群となる．また，$R = \mathbf{R}$ として $r \in \mathbf{R}, \boldsymbol{x} \in M$ に対し

$$r\boldsymbol{x} = (rx_1, \cdots, rx_n)$$

と作用を定義すれば，M は $\mathbf{R}$ 上のベクトル空間になる．

【例 1.1.6】 R を環，$M = \{\mathbf{0}\}$ とする．R の M への作用を，$r \in R$ に対し

$$r \cdot \mathbf{0} = \mathbf{0}$$

と定義すれば，M は R-加群になる．この M を**零 R-加群** (null R-module) という．

【例 1.1.7】 M をアーベル群とする．$R = \mathbf{Z}$ を有理整数環とし，$R = \mathbf{Z} \ni n$ の $M \ni m$ への作用を，$n > 0$ のとき

$$n \cdot m = \overbrace{m + \cdots + m}^{n \text{ 個}}$$
$$0 \cdot m = 0$$
$$(-n) \cdot m = \overbrace{(-m) + \cdots + (-m)}^{n \text{ 個}}$$

と定義すれば，M は $\mathbf{Z}$-加群とみなせる．逆に，$\mathbf{Z}$-加群 M は，加法の構造のみを考えればアーベル群になる．

【例 1.1.8】 R を環とし，$M = R$ とおく．$r \in R, m \in M = R$ に対し作

用を
$$r \cdot m = rm \quad (環としての積)$$
によって定義すれば，R を R-加群とみなせる．

【例 1.1.9】 $R = \mathbf{Z}$, $M = \mathbf{Z}/6\mathbf{Z}$ とし，作用を，$n \in \mathbf{Z}$, $\bar{r} \in M$ に対し
$$n \cdot \bar{r} = \overline{nr}$$
と定義すれば，M は R-加群となる．この例では，$R \ni 2 \neq 0$, $M = \bar{3} \neq 0$ であるが，$2 \cdot \bar{3} = \bar{6} = \bar{0}$ となる．

加群の理論はベクトル空間の理論の進み方とほぼ平行して進むことに注意すれば理解しやすいであろう．

定義 1.1.10 M を R-加群とし，$N \subset M$ とする．M の加法と，R の M への作用を N に制限したものによって N が R-加群になるとき，N を M の R-部分加群 (R-submodule) という．R 上の加群であることが明らかなときは，たんに部分加群ということもある．

補題 1.1.11 M を R-加群とし，$N \subset M$ とする．N が M の R-部分加群となるための必要十分条件は次の 2 条件が成り立つことである．

(i) $y, z \in N \implies y - z \in N$.
(ii) $r \in R, y \in N \implies ry \in N$.

証明 (i) は N が M の加法に関する部分群になる条件であり，(ii) は N でスカラー倍が定義できるという条件である．これらによって，N が R-加群の条件 (M1), (M2) を満たすことは明らかであろう． ■

【例 1.1.12】 $M = R$ を左 R-加群とみる．R の左イデアル I は M の左 R-部分加群である．

補題 1.1.13 M を R-加群とする．

(i) $\{N_\lambda\}_{\lambda \in \Lambda}$ を M の R-部分加群の族とすれば，$\cap_{\lambda \in \Lambda} N_\lambda$ も M の R-部分加群である．

(ii) $N_1, \cdots, N_n$ を M の R-部分加群とすれば，
$$N_1 + \cdots + N_n = \{y_1 + \cdots + y_n \mid y_i \in N_i\}$$
も M の R-部分加群である．

証明 定義にもどって考えれば明らかである． ■

定義 1.1.14 補題 1.1.13(ii) の仮定の下に，$N_1 + \cdots + N_n$ を $N_1, \cdots, N_n$ の**和** (sum) という．

S を R-加群 M の部分集合とする．S を含むような，M のすべての R-部分加群の族 $\{N_\lambda\}_{\lambda \in \Lambda}$ を考え，
$$[S]_R := \bigcap_{\lambda \in \Lambda} N_\lambda$$
とおき，S で生成された R-部分加群という．これは S を含むような最小の R-部分加群である．

補題 1.1.15 $[S]_R = \{a_1 x_1 + \cdots + a_n x_n \mid a_i \in R, x_i \in S, n$ は任意の自然数$\}$ である．

証明 右辺を T とおくと $[S]_R \supset T$ は明らか．T は S を含む M の R 部分加群ゆえ，最小性から $[S]_R \subset T$ も成り立つ． ■

定義 1.1.16 R 加群 M に対し，$M = [S]_R$ となるような M の部分集合 S を M の R 上の**生成系** (system of generators) という．M が有限個の元からなる生成系を持つとき，M は R 上**有限生成**である (finitely generated) という．

【例 1.1.17】 $M = \mathbf{Z}$ は $R = \mathbf{Z}$ 上有限生成であり，$M = [1]_{\mathbf{Z}}$ となる．

R-加群の剰余加群を定義しよう. M を R-加群, N を M の R-部分加群とする. $\overline{M} = M/N$ を加法群としての剰余群とする. すなわち, その和は剰余類 $\overline{x_1}, \overline{x_2} \in \overline{M}$ に対し

$$\overline{x_1} + \overline{x_1} = \overline{x_1 + x_2}$$

で与えられる. $r \in R, \bar{x} \in \overline{M}$ に対してスカラー倍を

$$r\bar{x} = \overline{rx}$$

によって定義すれば, うまく定義できる. なぜならば, $\bar{x} = \bar{y} \in \overline{M}$ とすれば, $x - y \in N$ ゆえに $rx - ry \in N$ となり, したがって $\overline{rx} = \overline{ry}$ を得る. これによって, $\overline{M}$ は R-加群となる. これを M の N による**剰余 R-加群** (the factor R-module of M by N), または**商 R-加群** (quotient R-module) という.

1.2 準同型写像と準同型定理

以下, R を 1 を持つ環, M, M' を R-加群とする.

定義 1.2.1 写像 $f : M \longrightarrow M'$ が次の 2 条件を満たすとき, f を R-**準同型写像** (R-homomorphism) という.

(i) $f(x + y) = f(x) + f(y)$ $(x, y \in M)$.
(ii) $f(rx) = rf(x)$ $(r \in R)$.

さらに, f が全単射であるとき f は R-**同型写像** (R-isomorphism) であるという. M から M' への R-同型写像があるとき M と M' は R-**同型**であるといい, $M \underset{R}{\cong} M'$ と書く. R 上であることが明らかなときは, R-同型写像のことをたんに同型写像, R-同型のことをたんに同型といい, $M \cong M'$, または $M \overset{\sim}{\to} M'$ と書く.

準同型写像はベクトル空間における線形写像の一般化である.

注意 1.2.2 $f : M \longrightarrow M'$ を準同型写像, R-加群 M, M' の零元をそれぞれ $\mathbf{0}, \mathbf{0}'$ とするとき, $f(\mathbf{0}) = \mathbf{0}'$ となる. なぜならば, 準同型写像の定義から

$$f(\mathbf{0}) = f(\mathbf{0} + \mathbf{0}) = f(\mathbf{0}) + f(\mathbf{0})$$

だから，両辺から $f(\mathbf{0})$ を引いて $f(\mathbf{0}) = \mathbf{0}'$ を得る．

【例 1.2.3】 V, V' を $\mathbf{R}$ 上のベクトル空間，$f : V \longrightarrow V'$ を $\mathbf{R}$ 上の線形写像とすると，f は $\mathbf{R}$-準同型写像である．

【例 1.2.4】 M を R-加群，N を M の R-部分加群とする．

$$\begin{array}{rccc} \varphi : & M & \longrightarrow & M/N \\ & m & \mapsto & \overline{m} \end{array}$$

を標準的 R-準同型写像 (canonical homomorphism) という．標準的準同型写像が全射であり，$\operatorname{Ker}\varphi = N$ となることは明らかであろう．

定義 1.2.5 $f : M \longrightarrow M'$ を R-準同型写像とする．

$$\operatorname{Im} f = f(M) = \{f(x) \mid x \in M\}$$

を f の像 (image) という．M' の零元を $\mathbf{0}'$ とするとき，

$$\operatorname{Ker} f = \{x \in M \mid f(x) = \mathbf{0}'\}$$

を f の核 (kernel) という．$\operatorname{Coker} f = M'/\operatorname{Im} f$ を余核 (cokernel)，$\operatorname{Coim} f = M/\operatorname{Ker} f$ を余像 (coimage) という．

$\operatorname{Im} f$ は M' の R-部分加群であり，$\operatorname{Ker} f$ は M の R-部分加群である．f が全射であることと $\operatorname{Im} f = M'$ であることは同値であり，f が単射であることと $\operatorname{Ker} f = \{\mathbf{0}\}$ であることは同値である．これらの事実は群の場合とまったく同様である．

定理 1.2.6（準同型定理） $f : M \longrightarrow M'$ を R-準同型写像とする．このとき，f は自然な同型写像

$$\begin{array}{rccc} \psi : & M/\operatorname{Ker} f & \xrightarrow{\sim} & \operatorname{Im} f \\ & x + \operatorname{Ker} f & \mapsto & f(x) \end{array}$$

を引き起こす．

証明 証明は群の準同型定理と同様であるが復習しておく．M' の単位元を $\mathbf{0}'$ とする．$M/\mathrm{Ker}\, f$ の元 $x + \mathrm{Ker}\, f$ をとる．この類の別の代表元 y をとれば，$\mathrm{Ker}\, f$ の元 k が存在して，$y = x + k$ となる．ゆえに，

$$f(y) = f(x+k) = f(x) + f(k) = f(x) + \mathbf{0}' = f(x)$$

となり，ψ は類の代表元の取り方によらず決まることがわかる．

定義から

$$\begin{aligned}\psi((x + \mathrm{Ker}\, f) + (y + \mathrm{Ker}\, f)) &= \psi((x+y) + \mathrm{Ker}\, f) \\ &= f(x+y) = f(x) + f(y) \\ &= \psi(x + \mathrm{Ker}\, f) + \psi(y + \mathrm{Ker}\, f)\end{aligned}$$

となり，同様に $r \in R$ に対し

$$\psi(r(x + \mathrm{Ker}\, f)) = r\psi(x + \mathrm{Ker}\, f)$$

となるから，ψ は R-準同型写像である．

$\mathrm{Im}\, f \ni f(x)$ をとれば，$\psi(x + \mathrm{Ker}\, f) = f(x)$ となるから，ψ は全射である．最後に，$\psi(x + \mathrm{Ker}\, f) = \mathbf{0}'$ とする．定義によって，$f(x) = \mathbf{0}'$ となるから，$x \in \mathrm{Ker}\, f$ を得る．ゆえに，$x + \mathrm{Ker}\, f = \mathrm{Ker}\, f$ となり $x + \mathrm{Ker}\, f$ は $M/\mathrm{Ker}\, f$ の零元になる．したがって，ψ は単射である． ∎

注意 1.2.7 定理 1.2.6 の記号を用いれば，次のような可換図式がある．

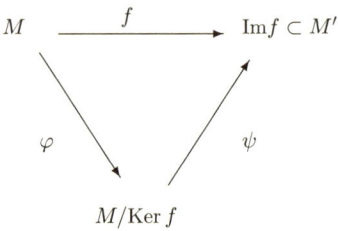

ここに，φ は標準的 R-準同型写像である．

M から M' への R-準同型写像の全体を $\mathrm{Hom}_R(M, M')$ と書く．$f, g \in \mathrm{Hom}_R(M, M')$ に対し，和を

$$(f+g)(m) = f(m) + g(m) \quad (m \in M)$$

スカラー倍を

$$(rf)(m) = r(f(m)) \quad (r \in R, \ m \in M)$$

と定義する．これにより $\mathrm{Hom}_R(M, M')$ は R-加群になる．とくに，$M' = R$ を R-加群とみて

$$M^* = \mathrm{Hom}_R(M, R)$$

とおけば，これは R-加群である．これを M の**双対加群** (dual module) という．

1.3　直和と自由加群

$M_1, \cdots, M_n$ を R-加群とする．$M = M_1 \times \cdots \times M_n$ を集合としての直積とする．この集合に，$(x_1, \cdots, x_n), (y_1, \cdots, y_n) \in M$ の和を

$$(x_1, \cdots, x_n) + (y_1, \cdots, y_n) = (x_1 + y_1, x_2 + y_2, \cdots, x_n + y_n)$$

$r \in R$ のスカラー倍を

$$r(x_1, \cdots, x_n) = (rx_1, \cdots, rx_n)$$

と定義する．この和とスカラー倍によって，M は R-加群となる．この R-加群 M を R 加群 $M_1, \cdots, M_n$ の**直和** (direct sum) といい，

$$M_1 \oplus \cdots \oplus M_n$$

と書く．写像

$$\begin{array}{rccc} pr_i : & M_1 \oplus \cdots \oplus M_n & \longrightarrow & M_i \\ & (x_1, \cdots, x_n) & \mapsto & x_i \end{array}$$

は R-準同型写像である．pr_i を**射影** (projection) という．また，

$$\begin{array}{rccc} \iota_i : & M_i & \longrightarrow & M_1 \times \cdots \times M_{i-1} \times M_i \times M_{i+1} \times \cdots \times M_n \\ & x & \mapsto & (0, \cdots, 0, x, 0, \cdots, 0) \end{array}$$

は R-準同型写像である．ι_i を自然な**入射** (injection) という．

次に，R-加群を直和に分解することを考えよう．M を R-加群とし，$N_1, \cdots, N_n$ を R-部分加群とする．

定義 1.3.1 和 $N = N_1 + \cdots + N_n$ を考える．$y \in N$ に対し

$$y = y_1 + \cdots + y_n \quad (y_i \in N_i)$$

と一意的に表示できるとき，N は $N_1, \cdots, N_n$ の**直和** (direct sum) であるといい，$N = N_1 \oplus \cdots \oplus N_n$ と書く．

命題 1.3.2 上記記号の下に，和 $N = N_1 + \cdots + N_n$ に対し次の 3 条件は同値である．

  (i) N は $N_1, \cdots, N_n$ の直和である．
  (ii) $y_1 + \cdots + y_n = 0 \ (y_i \in N_i \ (i = 1, \cdots, n))$ ならば任意の i に対して $y_i = 0$ となる．
  (iii) $(N_1 + \cdots + N_i) \cap N_{i+1} = \{0\} \quad (i = 1, 2, \cdots, n-1)$

証明 (i) $\Rightarrow$ (ii)：$y_1 + \cdots + y_n = 0 \ (y_i \in N_i \ (i = 1, \cdots, n))$ とする．$y_1 + \cdots + y_n = 0 + \cdots + 0$ だから，表示の一意性から $y_i = 0 \ (i = 1, 2, \cdots, n)$ を得る．

(ii) $\Rightarrow$ (i)：$y_i, y_i' \in N_i \ (i = 1, \cdots, n)$ に対して，$y_1 + \cdots + y_n = y_1' + \cdots + y_n'$ とすれば，$(y_1 - y_1') + \cdots + (y_n - y_n') = 0$ となる．ゆえに $y_1 - y_1' = 0, \cdots, y_n - y_n' = 0$ となる．

(ii) $\Rightarrow$ (iii)：$(N_1 + \cdots + N_i) \cap N_{i+1} \ni x$ とすれば，$y_j \in N_j \ (j = 1, \cdots, i+1)$ が存在して，$x = y_1 + \cdots + y_i = y_{i+1}$ と書ける．ゆえに $y_1 + \cdots + y_i + (-y_{i+1}) = 0$ となるから，(ii) の仮定より $y_1 = 0, \cdots, y_{i+1} = 0$ を得る．

(iii) $\Rightarrow$ (ii)：$y_i \in N_i \ (i = 1, \cdots, n)$ に対して，$y_1 + \cdots + y_n = 0$ とすれば，

$$y_1 + \cdots + y_{n-1} = -y_n \in (N_1 + \cdots + N_{n-1}) \cap N_n = \{0\}$$

である．ゆえに $y_n = 0$，かつ $y_1 + \cdots + y_{n-1} = 0$ となる．順にこれを行って $y_1 = 0, \cdots, y_{n-1} = 0$ を得る． ∎

命題 1.3.3 $N_1 \times \cdots \times N_n$ から定義される直和を $N_1 \dotplus \cdots \dotplus N_n$ と書く．このとき，
$$\psi: N_1 \dotplus \cdots \dotplus N_n \xrightarrow{\sim} N_1 \oplus \cdots \oplus N_n$$
$$(y_1, \cdots, y_n) \mapsto y_1 + \cdots + y_n$$
が成り立つ．

証明 ψ が準同型写像であること，および全射であることは自明である．また，$\psi((y_1, \cdots, y_n)) = y_1 + \cdots + y_n = 0$ なら，直和の性質から $y_1 = 0, \cdots, y_n = 0$ となる．ゆえに同型写像となる． ∎

M を R-加群とする．
$$a_1 x_1 + \cdots + a_m x_m \quad (a_i \in R, x_i \in M)$$
の形の元を $x_1, \cdots, x_m$ の R 上の**線形結合** (linear combination) という．$x_1, \cdots, x_m$ の線形結合の全体を
$$[x_1, \cdots, x_m]_R$$
と書く．これは，R 上 $x_1, \cdots, x_m$ で生成される M の R-部分加群である．$x_1, \cdots, x_n$ の任意の線形結合が
$$a_1 x_1 + \cdots + a_m x_m = 0 \implies a_1 = 0, \cdots, a_m = 0$$
となるとき，$x_1, \cdots, x_m$ は R 上**線形独立** (linearly independent) であるという．そうでないとき，すなわち $(a_1, \cdots, a_m) \neq (0, \cdots, 0)$ なる $a_1, \cdots, a_m \in R$ が存在して，$a_1 x_1 + \cdots + a_m x_m = 0$ となるとき，$x_1, \cdots, x_m$ は R 上**線形従属** (linearly dependent) であるという．空でない部分集合 $S \subset M$ の任意の相異なる有限個の元が R 上線形独立であるとき，S は R 上線形独立であるという．線形独立のことを 1 次独立，線形従属のことを 1 次従属ということもある．

定義 1.3.4 部分集合 $B \subset M$ が R 上線形独立で M の生成元となるものが存在するとき，M は**自由 R-加群** (free R-module) であるという．このとき B を M の**基底** (basis) という．

補題 1.3.5 M を自由 R-加群, $B = \{x_\lambda\}_{\lambda \in \Lambda}$ を M の基底とする. このとき, 任意の $M \ni x$ に対し $\{a_\lambda \in R\}_{\lambda \in \Lambda}$ が存在して

$$x = \sum_{\lambda \in \Lambda} a_\lambda x_\lambda$$

と一意的に表示できる. ここに, $a_\lambda \neq 0$ となる λ は有限個である.

証明 このように表示できることは基底の定義から明らか.

$$x = \sum_{\text{有限和}} a_\lambda x_\lambda = \sum_{\text{有限和}} b_\lambda x_\lambda$$

と 2 通りの表示があるとする. このとき

$$\sum_{\text{有限和}} (a_\lambda - b_\lambda) x_\lambda = 0$$

となるから, 基底の線形独立性より $a_\lambda - b_\lambda = 0$ となる. よって一意的に書ける. ∎

【例 1.3.6】 $R = \mathbf{R}$ とし, R 上のベクトル空間 $M = \mathbf{R}^n$ を考える. ベクトルを縦ベクトルで考え, e_i を第 i 成分が 1, その他の成分が 0 の縦ベクトルとすれば, $\{e_1, \cdots, e_n\}$ は M の R 上の基底であり, M は自由 R-加群である.

【例 1.3.7】 R を環とする. n を自然数とし, R の n 個の直和

$$M = R \oplus \cdots \oplus R$$

を考える. 第 i 成分が 1, その他の成分が 0 の元を $e_i = (0, \cdots 0, 1, 0 \cdots, 0)$ とするとき, $\{e_1, e_2, \cdots, e_n\}$ は M の基底である. この基底を**標準基底** (standard basis) という. この M を R^n と書く. これは自由 R-加群である.

【例 1.3.8】 $\mathbf{Z}$-加群 $\mathbf{Z}/6\mathbf{Z}$ は自由 $\mathbf{Z}$-加群でない.

補題 1.3.9 R を環, M を n 個の元からなる基底を有する自由 R-加群とするならば, $M \stackrel{R}{\cong} R^n$ が成り立つ.

証明 $\{e_1, \cdots, e_n\}$ を R^n 上の標準基底とし，$\{x_1, \cdots, x_n\}$ を M の基底とする.

$$f : R^n \longrightarrow M$$
$$\sum_{i=1}^n a_i e_i \mapsto \sum_{i=1}^n a_i x_i \quad (a_i \in R)$$

によって R-準同型写像が定義できる．容易に示せるように，これは単射かつ全射である．よって f は同型写像である． ∎

定理 1.3.10 R を可換環，M を有限生成自由 R-加群とする．M の任意の基底は有限個の元からなりその個数は一定である．

証明 $R^m \cong R^n$ のとき $m = n$ となることを示せばよい．R の極大イデアル $\mathfrak{m}$ を 1 つ選ぶ．このとき，$R/\mathfrak{m} \cong k$ は体である．また，自然な写像

$$\varphi : \quad R^n \quad \longrightarrow \quad (R/\mathfrak{m})^n \cong k^n$$
$$(r_1, r_2, \cdots, r_n) \mapsto (\bar{r}_1, \bar{r}_2, \cdots, \bar{r}_n)$$

は全射で，$\operatorname{Ker} \varphi \cong \mathfrak{m} R^n$ となる．ゆえに，$R^n/\mathfrak{m} R^n \cong k^n$ を得る．同様にして，$R^m/\mathfrak{m} R^m \cong k^m$ を得るが，仮定から $R^n \cong R^m$ だから $k^n \cong k^m$ となる．よって，ベクトル空間の次元の理論から $m = n$ を得る． ∎

注意 1.3.11 R が非可換環のときは定理 1.3.10 は必ずしも成り立たない．たとえば，非可換環 R で，$R \cong R^2$ となる例がある（章末問題 (36) 参照）．

定義 1.3.12 R を可換環，M を自由 R-加群とする．M の基底に含まれる元の数を M の**階数**，または**ランク** (rank) といい $\operatorname{rank} M$ と書く．ただし，M が零加群なら $\operatorname{rank} M = 0$，基底に含まれる元の数が無限個なら $\operatorname{rank} M = \infty$ と定義する．M がベクトル空間のときは $\operatorname{rank} M$ のことを $\dim M$ と書く．

系 1.3.13 R を可換環，M を $\operatorname{rank} M = n$ の自由 R-加群，M' が $\operatorname{rank} M' = n'$ の自由 R-加群ならば，

$$M \stackrel{R}{\cong} M' \iff n = n'$$

となる.

【例 1.3.14】 実数体 $\mathbf{R}$ に対して，$\mathbf{R}$-加群 $\mathbf{R}^n$ の階数は $\operatorname{rank}\mathbf{R}^n = n$ である．それは，$\mathbf{R}$ 上のベクトル空間 $\mathbf{R}^n$ の次元にほかならない．

R を環，M を R-加群とする．$x \in M$ に対し，

$$\operatorname{Ann}(x) = \{a \in R \mid ax = 0\}$$

とおく．$\operatorname{Ann}(x)$ は R の左イデアルである．$\operatorname{Ann}(x)$ を x の **零化イデアル** (annihilator) という．$\{x\}$ が線形従属であることと $\operatorname{Ann}(x) \neq (0)$ は同値である．$\operatorname{Ann}(x) \neq 0$ のとき，x を **ねじれ元** (torsion element) という．M_0 を M のねじれ元の全体とする．R が整域ならば，M_0 は M の R-部分加群になる．

定義 1.3.15　上記の記号の下に，M_0 を M の **ねじれ部分** (torsion part) という．$M_0 = M$ のとき M を **ねじれ R-加群** (torsion R-module) という．$M_0 = \{0\}$ のとき M は **ねじれがない** (torsion free) という．

【例 1.3.16】 $R = \mathbf{Z}$ とすれば，R-加群 $M = \mathbf{Z}/(m)$ (m は 2 以上の整数) はねじれ加群である．

【例 1.3.17】 R を整域とし，M を R-加群，M_0 をそのねじれ部分とする．このとき，M/M_0 はねじれがない．なぜならば，$\bar{x} \in M/M_0, a\bar{x} = \bar{0} \ (a \in R, a \neq 0)$ とするとき，$ax \in M_0$ であるから $R \ni c \neq 0$ が存在して $c(ax) = 0$ となる．$ca \neq 0$ だから $x \in M_0$．ゆえに $\bar{x} = \bar{0}$ を得る．

1.4　完全系列

R を 1 を持つ環とし，M_i を R-加群とする．

$$\longrightarrow M_i \xrightarrow{f_i} M_{i+1} \xrightarrow{f_{i+1}} M_{i+2} \longrightarrow$$

において，すべての i に対し

$$\operatorname{Im} f_i = \operatorname{Ker} f_{i+1}$$

が成立するとき **完全系列** (exact sequence) という．このとき

$$f_{i+1} \circ f_i = 0$$

が成立する．いくつか特殊な場合を列挙すれば，

$$0 \longrightarrow M \longrightarrow 0 \text{ が完全} \iff M = 0$$
$$0 \longrightarrow M \xrightarrow{f} N \text{ が完全} \iff f \text{ 単射}$$
$$M \xrightarrow{f} N \longrightarrow 0 \text{ が完全} \iff f \text{ 全射}$$
$$0 \longrightarrow M \xrightarrow{f} N \longrightarrow 0 \text{ が完全} \iff f \text{ は同型写像}$$
$$0 \longrightarrow M \xrightarrow{f} N \xrightarrow{g} L \longrightarrow 0 \text{ が完全}$$
$$\iff f \text{ 単射}, g \text{ 全射}, \operatorname{Im} f = \operatorname{Ker} g$$

定義 1.4.1 完全系列

$$0 \longrightarrow M \xrightarrow{f} N \xrightarrow{g} L \longrightarrow 0$$

を**短完全系列** (short exact sequence) という．

注意 1.4.2 図式は，任意の写像の合成が道筋によらないとき**可換図式** (commutative diagram) という．たとえば，図式

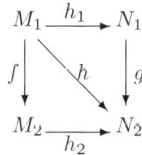

は $g \circ h_1 = h_2 \circ f = h$ が成り立つとき，可換図式である．

長完全系列

$$\longrightarrow M_i \xrightarrow{f_i} M_{i+1} \xrightarrow{f_{i+1}} M_{i+2} \longrightarrow$$

は次のように短完全系列に分解することができる．

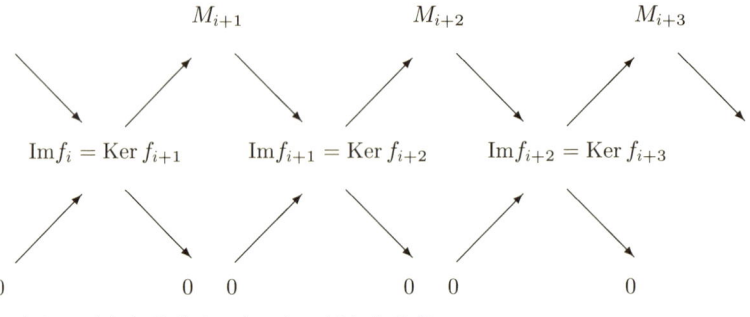

つまり，長完全系列はいくつかの短完全系列

$$0 \longrightarrow \operatorname{Im} f_i \longrightarrow M_{i+1} \longrightarrow \operatorname{Im} f_{i+1} \longrightarrow 0$$

を組み合わせることによって得られる．

完全系列を用いた代表的な補題をいくつか挙げる（証明は章末問題 (20)(21)(22)(23) 参照）．

(1) 5 項補題 (five lemma)

$$\begin{array}{ccccccccc}
M_1 & \xrightarrow{f_1} & M_2 & \xrightarrow{f_2} & M_3 & \xrightarrow{f_3} & M_4 & \xrightarrow{f_4} & M_5 \quad 完全 \\
\varphi_1 \downarrow & & \varphi_2 \downarrow & & \varphi_3 \downarrow & & \varphi_4 \downarrow & & \varphi_5 \downarrow \\
N_1 & \xrightarrow{g_1} & N_2 & \xrightarrow{g_2} & N_3 & \xrightarrow{g_3} & N_4 & \xrightarrow{g_4} & N_5 \quad 完全
\end{array}$$

において，$\varphi_1, \varphi_2, \varphi_4, \varphi_5$ が R-同型写像ならば，φ_3 も R-同型写像である．

(2) **9 項補題** (nine lemma)

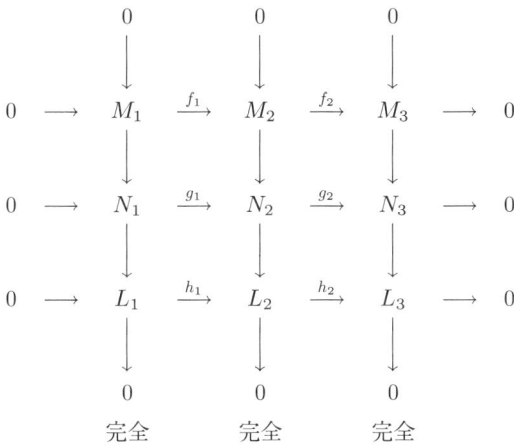

において，$f_2 \circ f_1 = 0$, $g_2 \circ g_1 = 0$, $h_2 \circ h_1 = 0$ とする．このとき，横列のどれか 2 つが完全系列ならば残りも完全系列である．

(3) **スネーク補題** (snake lemma)

$$
\begin{array}{ccccccccc}
& & 0 & \to & \mathrm{Ker}\, f & \to & \mathrm{Ker}\, g & \to & \mathrm{Ker}\, h \\
& & & & \downarrow & & \downarrow & & \downarrow \\
0 & \to & L_1 & \to & M_1 & \to & N_1 & \to & 0 \quad \text{完全} \\
& & \downarrow f & & \downarrow g & & \downarrow h & & \\
0 & \to & L_2 & \to & M_2 & \to & N_2 & \to & 0 \quad \text{完全} \\
& & \downarrow & & \downarrow & & \downarrow & & \\
& & \mathrm{Coker}\, f & \to & \mathrm{Coker}\, g & \to & \mathrm{Coker}\, h & \to & 0
\end{array}
$$

において，$\mathrm{Ker}\, h \longrightarrow \mathrm{Coker}\, f$ なる R-準同型写像で図式を可換にする自然な写像が存在して，

$$0 \longrightarrow \mathrm{Ker}\, f \longrightarrow \mathrm{Ker}\, g \longrightarrow \mathrm{Ker}\, h$$
$$\longrightarrow \mathrm{Coker}\, f \longrightarrow \mathrm{Coker}\, g \longrightarrow \mathrm{Coker}\, h \longrightarrow 0$$

は完全系列になる．

C_i を R-加群とし,
$$C_{\cdot} : \cdots \longrightarrow C_{i+1} \xrightarrow{\partial_{i+1}} C_i \xrightarrow{\partial_i} \cdots$$
において, $\partial_i \circ \partial_{i+1} = 0$ が任意の i に対して成り立つとき, この列を**複体** (complex) という. C_i の元を第 i-**チェイン** (i-th chain) という. このとき,
$$\mathrm{Ker}\,\partial_i \supset \mathrm{Im}\,\partial_{i+1}$$
となる. $\mathrm{Ker}\,\partial_i$ の元を第 i-**サイクル** (i-th cycle), $\mathrm{Im}\,\partial_{i+1}$ の元を第 i-**バウンダリー** (i-th boundary) という.

定義 1.4.3 商加群
$$\mathrm{H}_i(C_{\cdot}) = \mathrm{Ker}\,\partial_i / \mathrm{Im}\,\partial_{i+1}$$
を第 i-**ホモロジー群** (i-th homology group) という.

複体 $C_{\cdot}$ が完全系列であることと, 任意の i に対して $\mathrm{H}_i(C_{\cdot}) = 0$ となることは同値である. ホモロジー群は複体がどのくらい完全系列に近いかを調べる指標である.

1.5 単因子論

次のような 3 種類の n 次正方行列を考える.

(i) $i \neq j$ を n 以下の 2 つの自然数とし, 対角成分が (i,i) 成分と (j,j) 成分を除いて 1, (i,j) 成分と (j,i) 成分は 1 で, その他の成分がすべて 0 である行列

$$P_n(i,j) = \begin{pmatrix} 1 & & & & & & & & \\ & \ddots & & & & & & \text{\huge 0} & \\ & & 1 & & & & & & \\ & & & 0 & \cdots & 1 & & & \\ & & & \vdots & \ddots & \vdots & & & \\ & & & 1 & \cdots & 0 & & & \\ & & & & & & 1 & & \\ & \text{\huge 0} & & & & & & \ddots & \\ & & & & & & & & 1 \end{pmatrix}$$

(ii) (i,i) 成分以外の対角成分が 1, (i,i) 成分は -1, その他の成分がすべて 0 である行列

$$Q_n(i;-1) = \begin{pmatrix} 1 & & & & & & \\ & \ddots & & & & \text{\huge 0} & \\ & & 1 & & & & \\ & & & -1 & & & \\ & & & & 1 & & \\ & \text{\huge 0} & & & & \ddots & \\ & & & & & & 1 \end{pmatrix}$$

(iii) 対角成分がすべて 1, (i,j) 成分 $(i \neq j)$ が $c \in \mathbf{Z}$, その他の成分がすべて 0 である行列

$$R_n(i,j;c) = \begin{pmatrix} 1 & & & & & & \\ & 1 & & & & \text{\huge 0} & \\ & & \ddots & & & & \\ & & & 1 & c & & \\ & & & & \ddots & & \\ & & & & & 1 & \\ & \text{\huge 0} & & & & & \ddots \\ & & & & & & 1 \end{pmatrix}$$

行列 $A \in M(m,n;\mathbf{Z})$ ($\mathbf{Z}$ を成分とする $m \times n$ 行列全体の集合) について, 行に関する次の 3 種類の**基本変形** (fundamental transformation) を考える.
(1) 2 つの行を入れ替える.
　$P_m(i,j)$ を A の左からかければ, A の i 行と j 行が入れ替わる.
(2) ある行を -1 倍する.
　$Q_m(i;-1)$ を A の左からかければ, A の i 行が -1 倍される.
(3) ある行に他の 1 行を定数倍したものを加える.
　$R_m(i,j;c)$ を A の左からかければ, A の i 行に j 行の c 倍が加わる.

行列 $A \in M(m,n;\mathbf{Z})$ について，列に関する次の 3 種類の基本変形を考える．
(1)′ 2 つの列を入れ替える．
　$P_n(i,j)$ を A の右からかければ，A の i 列と j 列が入れ替わる．
(2)′ ある列を -1 倍する．
　$Q_n(i;-1)$ を A の右からかければ，A の i 列が -1 倍される．
(3)′ ある列に，他の 1 列を定数倍したものを加える．
　$R_n(i,j;c)$ を A の右からかければ，A の j 列に i 列の c 倍が加わる．

定義 1.5.1　$P_n(i,j), Q_n(i;-1), R_n(i,j;c)$ の形の行列を**基本行列** (fundamental matrix) という．

基本行列の行列式は ± 1 であるから，基本行列 $P_n(i,j), Q_n(i;-1), R_n(i,j;c)$ は $M(n,\mathbf{Z})$ の可逆行列である．

定義 1.5.2　$M(n,\mathbf{Z})$ の可逆行列を n 次ユニモジュラー行列 (unimodular matrix) という．

定義 1.5.3　$A,B \in M(m,n;\mathbf{Z})$ が有限回の基本変形で互いに移りあうとき A と B は**対等**であるといい，$A \sim B$ と書く．

これは同値関係である．

定理 1.5.4　$A \in M(m,n;\mathbf{Z})$ は次の標準形と対等である：

$$\begin{pmatrix} e_1 & & & 0 \\ & \ddots & & 0 \\ 0 & & e_r & \\ \hline & 0 & & 0 \end{pmatrix}$$

ここに e_i は自然数で
$$e_i \mid e_{i+1} \quad (1 \leq i \leq r-1)$$
を満たす．このような $e_1, \cdots, e_r$ は A のみによって一意的に決まる．

証明 m についての帰納法で示す.

$m = 1$ のとき, $A = (a_1, \cdots, a_n) \neq \mathbf{0}$ としてよい. これと対等な行列のうち第 1 成分が正で最小なものをとる. その行列を $A_1 = (e_1, a_2', \cdots, a_n')$ とする. このとき, $e_1 \mid a_i'$ $(i = 2, \cdots, n)$ となることを示そう.

$e_1 \nmid a_i'$ なら $a_i' = qe_1 + r$ $(1 \leq r \leq e_1 - 1)$ となる整数 q, r が存在する. i 列から 1 列の q 倍を引けば, $(e_1, a_2, \cdots, r, \cdots)$ となる. 1 列と i 列を入れ替えれば,
$$(r, a_2, \cdots, e_1, \cdots) \sim A_1$$
となり, $r < e_1$ より A_1 のとり方に反する. ゆえに, $a_i' = qe_1$ となり, $A_1 \sim (e_1, 0, 0, \cdots, 0)$ を得る.

$m \geq 2$ のとき, $A \neq 0$ の場合を考えればよい. A と対等な行列のうち $(1,1)$ 成分が正で最小なものを A' とする.

$$A \sim A' = \begin{pmatrix} e_1 & a_{12}' & \cdots & a_{1n}' \\ a_{21}' & \ddots & & \vdots \\ \vdots & & \ddots & \vdots \\ a_{m1}' & \cdots & \cdots & a_{mn}' \end{pmatrix}$$

このとき先と同様に, e_1 の最小性から整数 q_{1j}, q_{i1} が存在して
$$a_{1j}' = e_1 q_{1j}, \ a_{i1}' = e_1 q_{i1}$$
となる. ゆえに

$$A \sim \begin{pmatrix} e_1 & 0 & \cdots & 0 \\ 0 & & & \\ \vdots & & A_{m-1, n-1} & \\ 0 & & & \end{pmatrix}$$

と対等な行列に変型できる. よって帰納法の仮定から

$$A \sim \left(\begin{array}{cccc|c} e_1 & & & 0 & \\ & e_2 & & & 0 \\ & & \ddots & & \\ 0 & & & e_r & \\ \hline & 0 & & & 0 \end{array} \right)$$

を得る．

このとき，$e_1 \mid e_2$ となることを示す．$e_1 \nmid e_2$ ならば，$e_2 = qe_1 + r$ （$1 \leq r \leq e_1 - 1$）となる整数 q, r が存在するが，このとき基本変形で r を $(1,1)$ 成分にもっていける．これは，e_1 の最小性に反する．以下，帰納的に $e_i \mid e_{i+1}$ を得る．

最後に e_i の一意性を示そう．A の k 次の小行列式全体の最大公約数を d_k と書く．このとき，d_k は基本変形で不変である．なぜならば，まず，基本変形 $(1), (1)', (2), (2)'$ で不変なことは自明である．基本変形 (3) で不変なことは次のようにしてわかる．A の第 i 行に第 j 行 $(j \neq i)$ の c 倍を加えてできる行列を A' とする．その k 次小行列式の最大公約数を d'_k とする．A の k 次の小行列 Δ をとり，それと同じ位置にある A' の k 次の小行列を Δ' とする．このとき，Δ が第 i 行を含まない，または第 i, j 行両方を含むならば $\det \Delta = \det \Delta'$ である．Δ が第 i 行を含み第 j 行を含まぬとき Δ の第 i 行を第 j 行で置き換えて得られる行列を Δ_1 とすれば，$\det \Delta' = \det \Delta + \det \Delta_1$ となる．d_k の取り方から $d_k \mid \det \Delta, d_k \mid \det \Delta_1$ であるから，$d_k \mid \det \Delta'$ を得る．ゆえに，$d_k \mid d'_k$ となる．他方，基本変形の操作は可逆的だから $d'_k \mid d_k$ となる．ゆえに $d_k = d'_k$ を得る．

以上から d_k を求めるには標準形で考えればよいことがわかるから，$d_k = e_1 \cdots e_k$ となる．$d_{k-1} = e_1 \cdots e_{k-1}$ であるから，$e_1 = d_1$, $e_k = d_k/d_{k-1}$ $(k = 2, \cdots, r)$ となり，e_k が一意的に決まることが示せた． ∎

注意 1.5.5 定理 1.5.4 の証明は行列の単因子の計算の仕方を与えている．また，$A \in M(m, n; \mathbf{Z})$ に対し，m 次ユニモジュラー行列 P と n 次ユニモジュラー行列 Q が存在して，

$$PAQ = \left(\begin{array}{ccc|c} e_1 & & & \\ & \ddots & & 0 \\ & & e_r & \\ \hline & 0 & & 0 \end{array} \right)$$

$e_1 \mid e_2 \mid \cdots \mid e_r$ となることがわかる．

定義 1.5.6 定理 1.5.4 における $e_1, \cdots, e_r$ を行列 A の**単因子** (elementary divisor) という．

【例 1.5.7】 3次正方行列

$$A = \begin{pmatrix} 2 & 4 & 0 \\ 0 & 8 & 0 \\ 4 & 0 & 12 \end{pmatrix}$$

を考える．小行列式を計算して，

$$d_1 = 2,\ d_2 = 8,\ d_3 = 192$$

を得る．ゆえに，$e_1 = d_1 = 2, e_2 = d_2/d_1 = 8, e_3 = d_3/d_2 = 24$ を得る．したがって，標準形は

$$A \sim \begin{pmatrix} 2 & & 0 \\ & 4 & \\ 0 & & 24 \end{pmatrix}$$

となる．

系 1.5.8 A を n 次ユニモジュラー行列とすれば，A は基本行列の積に書ける．

証明 上記の記号を用いて，$d_n = |\det A| = e_1 \cdots e_n = 1$ となる．ゆえに，$e_i = 1\ (i = 1, \cdots, n)$ を得，基本行列の積 P, Q が存在して $PAQ = E$（E は単位行列）となる．ゆえに，$A = P^{-1}Q^{-1}$ であるが，基本行列の逆行列は基本行列であるから求める結果を得る． ∎

注意 1.5.9 以上のことは $\mathbf{Z}$ 上の行列だけではなく，単項イデアル整域 R 上の行列に対しても同様に成立する．このときの単因子論は，次のようになる（章末問題 (40) 参照）．

$A \in M(m,n;R)$ に対し $P \in GL(m;R), Q \in GL(n;R)$ が存在し，PAQ は次のような標準形となる：

$$\left(\begin{array}{ccc|c} e_1 & & 0 & \\ & \ddots & & 0 \\ 0 & & e_r & \\ \hline & 0 & & 0 \end{array} \right)$$

ここに e_i は R の元で,イデアルの包含関係

$$(e_i) \supset (e_{i+1}) \quad (1 \leq i \leq r-1)$$

を満たす.このような $e_1, \cdots, e_r$ は単元倍を除いて A のみによって一意的に決まる.

1.6 有限生成アーベル群の基本定理

定理 1.6.1 R を単項イデアル整域,M を自由 R-加群で $\operatorname{rank} M = m$ とする.このとき,M の任意の R-部分加群 N も自由 R-加群で $\operatorname{rank} N \leq m$ となる.

証明 m についての帰納法で示す.$N = 0$ のときは明らかだから,$N \neq 0$ とする.$m = 1$ のとき,$\{u\}$ を M の基底とする.

$$I = \{c \in R \mid cu \in N\}$$

とおけば,I は R のイデアルである.R は単項イデアル整域だから,$a \in R$ があって $I = (a)$ と書ける.このとき,$M \supset N$ かつ $N \neq 0$ より,$0 \neq c \in R$ が存在して $cu \in N$ であるから,$a \neq 0$ となる.

$\{au\}$ が N の基底であることを示そう.$b(au) = 0$ ならば $(ba)u = 0$ だから,$\{u\}$ が M の基底であることから,$ba = 0$ を得る.$a \neq 0$ より $b = 0$.よって au は線形独立である.$N \ni cu$ を任意の元とする.$c \in I$ ゆえ $r \in R$ が存在して,$c = ra$ となる.ゆえに $cu = r(au)$ となり,$\{au\}$ が N の基底であることが示せた.ゆえに,N は階数 1 の R-部分加群となる.

$m \geq 2$ のとき,$\{u_1, \cdots, u_m\}$ を M の基底とする.$\{u_1, \cdots, u_{m-1}\}$ で生成される R-部分加群を M' とすれば,これはランク $m-1$ の自由 R-加群である.部分加群 $N' = M' \cap N \subset M'$ を考えれば,帰納法の仮定より N' は自由 R-加群で,$\operatorname{rank} N' = s$ とおけば,$s \leq m-1$ となる.

N' の基底を $\{v_1, \cdots, v_s\}$ とする.R-準同型写像

$$f: \quad M \quad \longrightarrow \quad R$$
$$c_1 u_1 + \cdots + c_m u_m \quad \mapsto \quad c_m$$

を考えれば, $\operatorname{Ker} f = M'$ となる. $I = f(N)$ は R の R-部分加群であり, したがってイデアルとなる. R は単項イデアル整域だから, $a \in R$ があって $f(N) = (a)$ となる. もし $a = 0$ ならば, $N \subset \operatorname{Ker} f = M'$ だから, $N = N'$ は自由 R-加群で $\operatorname{rank} N = s \leq m-1 < m$ となり結果を得る. $a \neq 0$ ならば, $f(v) = a$ となる $v \in N$ が存在する. このとき, $v, v_1, \cdots, v_s$ が N の基底になることを示そう.

$y \in N$ をとる. このとき, $f(y) = ra$ となる $r \in R$ が存在する. $y - rv \in \operatorname{Ker} f \cap N = N'$ だから, $r_i \in R \; (i = 1, \cdots, s)$ が存在して

$$y - rv = r_1 v_1 + \cdots + r_s v_s$$

と書ける. ゆえに $y = rv + r_1 v_1 + \cdots + r_s v_s$ を得る. 次に $\alpha v + \alpha_1 v_1 + \cdots + \alpha_s v_s = 0 \; (\alpha, \alpha_i \in R, i = 1, \cdots, s)$ とする.

$$\alpha a = \alpha f(v) = f(\alpha v + \alpha_1 v_1 + \cdots + \alpha_s v_s) = f(0) = 0$$

で $a \neq 0$ より $\alpha = 0$ となる. ゆえに $\alpha_1 v_1 + \cdots + \alpha_s v_s = 0$ となる. $\{v_1, \cdots, v_s\}$ は N' の基底だから, $\alpha_1 = \cdots = \alpha_s = 0$ を得る. ゆえに, N は自由 R-加群で $\operatorname{rank} N = s + 1 \leq (m-1) + 1 = m$ となる. ■

【例 1.6.2】 M を自由 R-加群で, N をその R-部分加群とする. ベクトル空間の場合とは違い, $\operatorname{rank} M = \operatorname{rank} N$ でも $M \neq N$ となることもある. たとえば, $M = \mathbf{Z}, N = 2\mathbf{Z}$ を考えればよい.

以下, 本節では $R = \mathbf{Z}$ とする. このとき, アーベル群と $\mathbf{Z}$-部分加群には次のような対応がある (例 1.1.7 参照).

$$\begin{array}{ccc}
\text{アーベル群} & \longleftrightarrow & \mathbf{Z}\text{-加群} \\
\text{部分群} & \longleftrightarrow & \mathbf{Z}\text{-部分加群} \\
\text{有限生成自由アーベル群} & \longleftrightarrow & \text{有限生成自由 } \mathbf{Z}\text{-加群}
\end{array}$$

定理 1.6.3 M を有限生成自由 $\mathbf{Z}$-加群, N を M の $\mathbf{Z}$-部分加群とする. このとき, N も自由 $\mathbf{Z}$-加群で $\operatorname{rank} N \leq \operatorname{rank} M$ となる. また, M の基底

$\{u_1, \cdots, u_r\}$ を適当にとって

$$\{e_1 u_1, \cdots, e_s u_s\} \quad (s \leq r)$$

が N の基底になるようにできる．ここに，$e_1, \cdots, e_s$ は自然数で

$$e_1 \mid e_2 \mid \cdots \mid e_s$$

を満たし，N のみによって一意的に決まる．

【例 1.6.4】 **Z**-加群 $M = \mathbf{Z} \oplus \mathbf{Z}$ とその **Z**-部分加群 $N = \mathbf{Z}(2, 4)$ を考える．

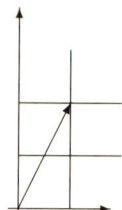

$u_1 = (1, 2), u_2 = (0, 1)$ とおけば，$\{u_1, u_2\}$ は M の基底であり，$2u_1$ は N の基底になる．

定理 1.6.3 の証明

前半は定理 1.6.1 からしたがう．

M の基底を $\{x_1, \cdots, x_r\}$，N の基底を $\{y_1, \cdots, y_s\}$ とすれば，

$$y_i = \sum_{j=1}^{r} a_{ij} x_j \quad (a_{ij} \in \mathbf{Z}, \quad i = 1, \cdots, s)$$

と書ける．行列を用いて表示すれば

$$\begin{pmatrix} y_1 \\ \vdots \\ y_s \end{pmatrix} = \begin{pmatrix} a_{ij} \end{pmatrix} \begin{pmatrix} x_1 \\ \vdots \\ x_r \end{pmatrix}$$

である．単因子論より s 次ユニモジュラー行列 P と r 次ユニモジュラー行列

Q が存在して

$$PAQ = \begin{pmatrix} e_1 & & 0 \\ & \ddots & & 0 \\ 0 & & e_s & \end{pmatrix}$$

$(e_1 \mid e_2 \mid \cdots \mid e_s, e_i$ は非負整数) と変形できる．このとき，

$$\begin{pmatrix} v_1 \\ \vdots \\ v_s \end{pmatrix} = P \begin{pmatrix} y_1 \\ \vdots \\ y_s \end{pmatrix}, \quad \begin{pmatrix} u_1 \\ \vdots \\ u_r \end{pmatrix} = Q^{-1} \begin{pmatrix} x_1 \\ \vdots \\ x_r \end{pmatrix}$$

はそれぞれ N, M の基底となり，

$$\begin{pmatrix} v_1 \\ \vdots \\ v_s \end{pmatrix} = \begin{pmatrix} e_1 & & 0 \\ & \ddots & & 0 \\ 0 & & e_s & \end{pmatrix} \begin{pmatrix} u_1 \\ \vdots \\ u_r \end{pmatrix}$$

を満たす．ゆえに，$v_i = e_i u_i$ を得るが，基底の性質から $e_i \neq 0$ を得る． ∎

系 1.6.5（有限生成アーベル群の基本定理） 有限生成アーベル群 M は次のような巡回群の直積と同型になる．

$$\underbrace{\mathbf{Z} \times \cdots \times \mathbf{Z}}_{r} \times \mathbf{Z}/\langle e_1 \rangle \times \cdots \times \mathbf{Z}/\langle e_s \rangle$$

ここに，e_i は 2 以上の自然数で，$e_1 \mid e_2 \mid \cdots \mid e_s$ を満たす．また，r および $e_1, \cdots, e_s$ は M に対して一意的に決まる．

証明 M を有限生成アーベル群，$\{x_1, \cdots, x_t\}$ をその生成元とする．$\mathbf{Z}$ の t 個の直積（直和と同じ）を F とおく．全射準同型写像

$$\varphi : F = \mathbf{Z} \times \cdots \times \mathbf{Z} \longrightarrow M$$
$$(n_1, \cdots, n_t) \mapsto \sum_{i=1}^{t} n_i x_i$$

を考え，$\mathrm{Ker}\,\varphi = N$ とおく．定理 1.6.3 より F の基底をとりかえて，

$\{u_1,\cdots,u_t\}$ は F の基底, $\{e_1 u_1,\cdots,e_{s'} u_{s'}\}$ $(s' \leq t)$ が N の基底で, $e_1 \mid e_2 \mid \cdots \mid e_{s'}$ となるようにできる. $t-s'=r$ とおく. $e_1=1,\cdots,e_\ell=1, e_{\ell+1}>1$ なら $e_{\ell+1},\cdots$ を $e_1,\cdots$ と置き換えて $s=s'-\ell$ とおけば

$$\begin{aligned} M &\cong F/N \\ &\cong \mathbf{Z}/\langle e_1\rangle \times \cdots \times \mathbf{Z}/\langle e_{s'}\rangle \times \overbrace{\mathbf{Z}\times\cdots\times\mathbf{Z}}^{r} \\ &\cong \mathbf{Z}/\langle e_1\rangle \times \cdots \times \mathbf{Z}/\langle e_s\rangle \times \overbrace{\mathbf{Z}\times\cdots\times\mathbf{Z}}^{r} \end{aligned}$$

となる. ∎

【例 1.6.6】 (中国人剰余定理 (Chinese remainder theorem)) m,n を互いに素な自然数とするとき, アーベル群としての同型

$$\begin{array}{cccc} \varphi: & \mathbf{Z}/(mn) & \cong & \mathbf{Z}/(m)\times\mathbf{Z}/(n) \\ & x & \mapsto & (\overline{x},\overline{x}) \end{array}$$

が成り立つ ($\mathbf{Z}$-加群として, あるいは環としても同型が成り立つ).

なぜならば, $\varphi(x)=\overline{0}$ なら $m\mid x$ かつ $n\mid x$ である. m,n は互いに素だから $mn\mid x$ となる. ゆえに $\mathbf{Z}/(mn)$ において $x=0$ を得る. したがって, φ は単射となるが, 元数が両辺等しいので全射にもなる. すなわち, φ は同型写像である.

これを使って $e=p_1^{n_1}\cdots p_\ell^{n_\ell}$ (p_i は相異なる素数 $(i=1,\cdots,\ell)$) ならば

$$\mathbf{Z}/\langle e\rangle \cong \mathbf{Z}/\langle p_1^{n_1}\rangle \times \cdots \times \mathbf{Z}/\langle p_\ell^{n_\ell}\rangle$$

となる.

【例 1.6.7】 位数 12 のアーベル群は同型を除いて次の 2 種類のみである.
$\mathbf{Z}/\langle 12\rangle \cong \mathbf{Z}/\langle 3\rangle \times \mathbf{Z}/\langle 4\rangle$.
$\mathbf{Z}/\langle 6\rangle \times \mathbf{Z}/\langle 2\rangle \cong \mathbf{Z}/\langle 2\rangle \times \mathbf{Z}/\langle 2\rangle \times \mathbf{Z}/\langle 3\rangle$.

注意 1.6.8 以上のことは, $\mathbf{Z}$ のかわりに単項イデアル整域を考えても類似の定式化が行え, 対応する結果を得る (章末問題 (40) 参照).

章末問題

(1) R を可換環,M を R-加群,$\varphi: M \longrightarrow M$ を R-準同型写像とする.R 上の 1 変数多項式環 $R[X]$ の元の M への作用を

$$(a_0 + a_1 X + \cdots + a_n X^n) \cdot m = a_0 m + a_1 \varphi(m) + \cdots + a_n \varphi^n(m)$$

($m \in M, a_0 + a_1 X + \cdots + a_n X^n \in R[X]$) と定義すれば,$M$ は左 $R[X]$-加群になることを示せ.

(2) R を環とし,N を左 R-加群 M の左 R-部分加群とする.$J = \{c \in R \mid cM \subset N\}$ は R の左イデアルであることを示せ.

(3) $M = \mathbf{Q}$ を $\mathbf{Z}$-加群と自然にみるとき,有限生成ではないことを示せ.

(4) R を環とし,N を R-加群 M の部分加群とする.N と M/N が有限生成ならば,M も有限生成であることを示せ.

(5) M, N を R-加群 L の部分加群であるとする.$M + N, M \cap N$ が有限生成ならば M, N も有限生成であることを示せ.

(6) R を可換環とする.イデアルの集合

$$\{\mathrm{Ann}(m) \mid 0 \neq m \in M\}$$

において,極大であるイデアル $\mathfrak{p}$ は R の素イデアルであることを示せ.

(7) R を可換環,$\mathfrak{p}$ を R の素イデアルとする.$M = R/\mathfrak{p}$ とおき R-加群とみる.このとき,イデアルの集合 $\{\mathrm{Ann}(m) \mid 0 \neq m \in M\}$ を決定せよ.

(8) R を可換環,$\mathfrak{p}_1, \mathfrak{p}_2$ を互いに包含関係のない素イデアルとする.$M = R/(\mathfrak{p}_1 \cap \mathfrak{p}_2)$ とおき R-加群とみる.このとき,イデアルの集合 $\{\mathrm{Ann}(m) \mid 0 \neq m \in M\}$ を決定せよ.

(9) R を環,M を左 R-加群とするとき,$\mathrm{Hom}_R(R, M) \cong M$ となることを示せ.

(10) $m, n \in \mathbf{Z}$ を互いに素な整数とする.このとき

$$\mathrm{Hom}_{\mathbf{Z}}(\mathbf{Z}/m\mathbf{Z}, \mathbf{Z}/n\mathbf{Z}) = 0$$

となることを示せ.

(11) R を整域とし,M をねじれ R-加群,N を自由 R-加群とする.このとき,M から N への R-準同型写像は零写像しかないことを示せ.

(12) k を標数 0 の体,V を体 k 上のベクトル空間,$v_1, \cdots, v_n$ を V の基底とする.2 つの部分空間 $W_1 = k(v_1 + \cdots + v_n)$, $W_{n-1} = \{a_1 v_1 + \cdots + a_n v_n \mid a_i \in k, a_1 + \cdots + a_n = 0\}$ をとれば,$V = W_1 \oplus W_{n-1}$ となることを示せ.

(13) k を標数 $p > 0$ の体とし,$A = \begin{pmatrix} 1 & 1 \\ 0 & 1 \end{pmatrix}$ とおく.k の元を成分とする 2 次の正則行列 $GL(2, k)$ の中で A によって生成される部分群を G とし,群環 $k[G]$ を考える.$V = k^2$ を自然に $k[G]$-加群とみるとき,その部分加群をすべて求めよ.

(14) R を環,M_1, M_2 を R-加群,$f : M_1 \to M_2$ を単射 R-準同型写像とする.M_2 の R-部分加群 N が存在して,$M_2 \cong f(M_1) \oplus N$ となるための必要十分条件は,R-準同型写像 $\mu : M_2 \to M_1$ で $\mu \circ f = \mathrm{id}$ となるものが存在することである.このことを示せ.

(15) M_1, M_2 を R-加群とし,N_1, N_2 をそれぞれ M_1, M_2 の R-部分加群とする.このとき,
$$(M_1 \oplus M_2)/(N_1 \oplus N_2) \cong M_1/N_1 \oplus M_2/N_2$$
となることを示せ.

(16) L, M, N を R-加群とすれば
$$\mathrm{Hom}_R(L, M \oplus N) \cong \mathrm{Hom}_R(L, M) \oplus \mathrm{Hom}_R(L, N)$$
$$\mathrm{Hom}_R(L \oplus M, N) \cong \mathrm{Hom}_R(L, N) \oplus \mathrm{Hom}_R(M, N)$$
となることを示せ.

(17) R-加群の準同型写像 $f : M \longrightarrow N$ および R-加群 Y に対し,写像 f_Y を
$$\begin{array}{rccc} f_Y : & \mathrm{Hom}_R(N, Y) & \longrightarrow & \mathrm{Hom}_R(M, Y) \\ & h & \mapsto & h \circ f \end{array}$$
により定義する.R-加群の完全系列
$$0 \to M_1 \xrightarrow{f} M_2 \xrightarrow{g} M_3 \to 0$$
および R-加群 N に対して,
$$0 \to \mathrm{Hom}_R(M_3, N) \xrightarrow{g_N} \mathrm{Hom}_R(M_2, N) \xrightarrow{f_N} \mathrm{Hom}_R(M_1, N)$$
は完全系列になることを示せ.

(18) R-加群の準同型写像 $f : M \longrightarrow N$ および R-加群 X に対し,写像 f^X を

$$f^X: \mathrm{Hom}_R(X, M) \longrightarrow \mathrm{Hom}_R(X, N)$$
$$h \mapsto f \circ h$$

により定義する．R-加群の完全系列

$$0 \to N_1 \xrightarrow{f} N_2 \xrightarrow{g} N_3 \to 0$$

および R-加群 M に対して，

$$0 \to \mathrm{Hom}_R(M, N_1) \xrightarrow{f^M} \mathrm{Hom}_R(M, N_2) \xrightarrow{g^M} \mathrm{Hom}_R(M, N_3)$$

は完全系列になることを示せ．

(19) 問題 (17) において，f_N が全射にならない例をあげよ．また，問題 (18) において，g^M が全射にならない例をあげよ．

(20)（5 項補題）R を環とし，R-加群の可換図式

$$\begin{array}{ccccccccc}
M_1 & \xrightarrow{f_1} & M_2 & \xrightarrow{f_2} & M_3 & \xrightarrow{f_3} & M_4 & \xrightarrow{f_4} & M_5 \quad \text{完全} \\
\downarrow\varphi_1 & & \downarrow\varphi_2 & & \downarrow\varphi_3 & & \downarrow\varphi_4 & & \downarrow\varphi_5 \\
N_1 & \xrightarrow{g_1} & N_2 & \xrightarrow{g_2} & N_3 & \xrightarrow{g_3} & N_4 & \xrightarrow{g_4} & N_5 \quad \text{完全}
\end{array}$$

において，$\varphi_1, \varphi_2, \varphi_4, \varphi_5$ が R-同型写像ならば，φ_3 も R-同型写像であることを示せ．

(21)（9 項補題）R を環とし，R-加群の可換図式

$$\begin{array}{ccccccccccc}
 & & 0 & & 0 & & 0 & & & \\
 & & \downarrow & & \downarrow & & \downarrow & & & \\
0 & \longrightarrow & M_1 & \xrightarrow{f_1} & M_2 & \xrightarrow{f_2} & M_3 & \longrightarrow & 0 & \text{(I)} \\
 & & \downarrow\varphi_1 & & \downarrow\varphi_2 & & \downarrow\varphi_3 & & & \\
0 & \longrightarrow & N_1 & \xrightarrow{g_1} & N_2 & \xrightarrow{g_2} & N_3 & \longrightarrow & 0 & \text{(II)} \\
 & & \downarrow\psi_1 & & \downarrow\psi_2 & & \downarrow\psi_3 & & & \\
0 & \longrightarrow & L_1 & \xrightarrow{h_1} & L_2 & \xrightarrow{h_2} & L_3 & \longrightarrow & 0 & \text{(III)} \\
 & & \downarrow & & \downarrow & & \downarrow & & & \\
 & & 0 & & 0 & & 0 & & & \\
 & & \text{完全} & & \text{完全} & & \text{完全} & & &
\end{array}$$

において，(I), (II) が完全系列であるならば (III) も完全系列になることを示せ．

また，(II), (III) が完全系列であるならば (I) も完全系列になることを示せ.
(22) 問題 (21) において，(I), (III) が完全系列であるならば (II) も完全系列になるか. (I), (III) が完全系列で (II) が複体の場合はどうか.
(23)（スネーク補題）R を環とし，R-加群の可換図式

$$
\begin{array}{ccccccccc}
0 & \longrightarrow & \mathrm{Ker}\, f & \longrightarrow & \mathrm{Ker}\, g & \xrightarrow{\varphi} & \mathrm{Ker}\, h & & \\
& & \downarrow & & \downarrow & & \downarrow{h_1} & & \\
0 & \longrightarrow & L_1 & \xrightarrow{\varphi_1} & M_1 & \xrightarrow{\psi_1} & N_1 & \longrightarrow & 0 \quad 完全 \\
& & \downarrow{f} & & \downarrow{g} & & \downarrow{h} & & \\
0 & \longrightarrow & L_2 & \xrightarrow{\varphi_2} & M_2 & \xrightarrow{\psi_2} & N_2 & \longrightarrow & 0 \quad 完全 \\
& & \downarrow{f_2} & & \downarrow & & \downarrow & & \\
& & \mathrm{Coker}\, f & \longrightarrow & \mathrm{Coker}\, g & \longrightarrow & \mathrm{Coker}\, h & \longrightarrow & 0
\end{array}
$$

において，$\theta : \mathrm{Ker}\, h \longrightarrow \mathrm{Coker}\, f$ なる R-準同型写像で図式を可換にする自然な写像が存在して，

$$0 \longrightarrow \mathrm{Ker}\, f \longrightarrow \mathrm{Ker}\, g \longrightarrow \mathrm{Ker}\, h$$
$$\xrightarrow{\theta} \mathrm{Coker}\, f \longrightarrow \mathrm{Coker}\, g \longrightarrow \mathrm{Coker}\, h \longrightarrow 0$$

は完全系列になることを示せ.
(24) 環 R 上の加群のなす可換図式

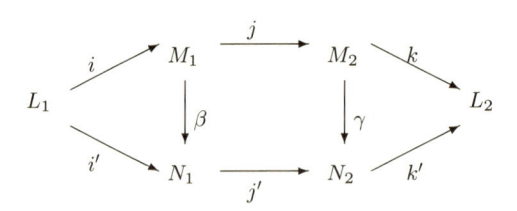

$$
\begin{array}{ccccccc}
& & & \xrightarrow{j} & & & \\
& \xrightarrow{i} & M_1 & & M_2 & \xrightarrow{k} & \\
L_1 & & \downarrow{\beta} & & \downarrow{\gamma} & & L_2 \\
& \xrightarrow{i'} & N_1 & \xrightarrow{j'} & N_2 & \xrightarrow{k'} & \\
\end{array}
$$

において $L_1 \xrightarrow{i} M_1 \xrightarrow{j} M_2 \xrightarrow{k} L_2$ および $L_1 \xrightarrow{i'} N_1 \xrightarrow{j'} N_2 \xrightarrow{k'} L_2$ が完全系列ならば，$\mathrm{Im}\,\beta/\mathrm{Im}\,i' \cong \mathrm{Ker}\,k/\mathrm{Ker}\,\gamma$ となることを示せ.

(25) 環 R 上の加群のなす可換図式

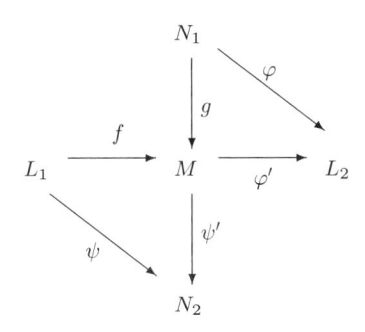

$$\begin{array}{ccc} & N_1 & \\ & \downarrow g \quad \searrow \varphi & \\ L_1 \xrightarrow{f} & M & \xrightarrow{\varphi'} L_2 \\ & \downarrow \psi' \quad \swarrow \psi & \\ & N_2 & \end{array}$$

において $L_1 \xrightarrow{f} M \xrightarrow{\varphi'} L_2$ および $N_1 \xrightarrow{g} M \xrightarrow{\psi'} N_2$ が完全系列ならば,

$$\operatorname{Im} \varphi'/\operatorname{Im} \varphi \cong \operatorname{Im} \psi'/\operatorname{Im} \psi$$

となることを示せ.

(26) R を環とする. R-加群 N が**有限表示** (finite representation) であるとは, 自然数 m, n が存在して

$$R^n \longrightarrow R^m \longrightarrow N \longrightarrow 0$$

なる完全系列が存在することをいう.

$$0 \to L \xrightarrow{\iota} M \xrightarrow{\iota} N \to 0$$

が R-加群の完全系列であるとき, L, N が有限表示の R-加群であれば, M も有限表示であることを示せ.

(27) R を環とする. N を有限表示の R-加群とする.

$$0 \to L \xrightarrow{\iota} M \xrightarrow{\iota} N \to 0$$

が R-加群の完全系列であるとき, M が有限生成なら L も有限生成であることを示せ.

(28) M を単項イデアル環 R 上の有限生成加群とする. このとき, M の任意の R-部分加群 N は有限生成であることを示せ.

(29) 次の行列の単因子を求めよ.

(i) $\begin{pmatrix} 2 & 0 & 0 \\ 0 & 3 & 0 \\ 0 & 0 & 4 \end{pmatrix}$ (ii) $\begin{pmatrix} 2 & 1 \\ -4 & 2 \end{pmatrix}$ (iii) $\begin{pmatrix} 2 & 1 & -1 \\ -2 & -3 & 1 \\ -2 & -1 & 3 \end{pmatrix}$

(30) $\mathbf{Z}^2 \ni (a,b) \neq 0$ をとり，(a,b) と $(-b,a)$ で生成される $\mathbf{Z}^2$ の $\mathbf{Z}$-部分加群を N とするとき，アーベル群としての指数 $[\mathbf{Z}^2 : N]$ を求めよ．

(31) 次の位数を持つアーベル群を分類せよ．
  (i) 30 (ii) 144 (iii) 750

(32) p を素数とするとき，位数 p^4 のアーベル群は同型を除いて何個あるか．

(33) $\mathbf{Z}$-準同型写像
$$\varphi : \mathbf{Z}^3 \longrightarrow \mathbf{Z}$$
$$(x,y,z) \mapsto 2x+3y+4z$$
の核の基底を 1 つ求めよ．

(34) n を自然数とする．$\mathbf{Z}$-加群 $\mathbf{Z}^n$ の $\mathbf{Z}$-部分加群 N が有限指数であるとし，$\{v_1, v_2, \cdots, v_n\}$ を N の基底とする．ただし，数ベクトルは縦ベクトルで表すとする．このとき，加法群としての指数 $[\mathbf{Z}^n : N]$ は $\det(v_1, v_2, \cdots, v_n)$ に等しいことを示せ．

(35) $\mathbf{Z}$-準同型写像
$$\varphi : \mathbf{Z}^3 \longrightarrow \mathbf{Z}^2$$
$$(x,y,z) \mapsto (2x+3y+4z, 4x+5z)$$
の像の基底を求めよ．また，加法群としての指数 $[\mathbf{Z}^2 : \mathrm{Im}\,\varphi]$ を求めよ．

(36) 非可換環 R で R-加群として $R \cong R^2$ となるような例を構成せよ（非可換環上の自由加群に対して階数が定義できない例）．

(37) $\mathbf{Z}$-加群 $\mathbf{Z}/12\mathbf{Z} \times \mathbf{Z}/2\mathbf{Z}$ と $\mathbf{Z}$-加群 $\mathbf{Z}/24\mathbf{Z}$ は $\mathbf{Z}$-同型か．

(38) 環 R が斜体となるための必要十分条件は，すべての左 R-加群が自由 R-加群になることである．このことを示せ．

(39) $\mathbf{Z}[\sqrt{-1}]$ の零でないイデアル $\mathfrak{a}$ は階数 2 の自由 $\mathbf{Z}$-加群であることを示せ．

(40) 単項イデアル整域 R 上の加群に対し定理 1.6.3 を定式化し，証明せよ．

第2章 テンソル積とテンソル代数

2.1 テンソル積の定義

R を 1 を持つ可換環とし，M_1, M_2, N を R-加群とする．

定義 2.1.1 写像 $f : M_1 \times M_2 \to N$ が次の 2 条件を満たすとき R-双線形写像 (R-bilinear mapping) という．
 (i) $f(u_1, u_2)$ $(u_1 \in M_1, u_2 \in M_2)$ は u_2 を固定したとき u_1 について R-準同型写像である．
 (ii) $f(u_1, u_2)$ $(u_1 \in M_1, u_2 \in M_2)$ は u_1 を固定したとき u_2 について R-準同型写像である．

R-双線形写像 $f : M_1 \times M_2 \to N$ の全体を $\mathcal{L}(M_1, M_2; N)$ と書く．

$\mathcal{L}(M_1, M_2; N)$ は自然に R-加群となる．すなわち，和とスカラー倍は

$$(\alpha f + \beta g)(u_1, u_2) = \alpha f(u_1, u_2) + \beta g(u_1, u_2)$$

で与えられる．

注意 2.1.2 $R = k$ が体のとき

$$\dim \mathcal{L}(M_1, M_2; k) = \dim M_1 \times \dim M_2$$

となる．なぜならば，M_1 の基底を $u_1, \cdots, u_m$, M_2 の基底を $v_1, \cdots, v_n$ とするとき，$\mathcal{L}(M_1, M_2; k)$ の元 f_{ij} を

$$\begin{array}{rcl} f_{ij}: & (u_i, v_j) & \mapsto \quad 1 \\ & (u_k, v_\ell) & \mapsto \quad 0 \quad (k, \ell) \neq (i, j) \end{array}$$

によって定義すれば，$\{f_{ij}\}_{1\leq i\leq m, 1\leq j\leq n}$ は $\mathcal{L}(M_1, M_2; k)$ の基底を与える．したがって次元の等式を得る．

定義 2.1.3　M, N を R-加群とする．次の性質を持つ R-加群 L を M と N の R 上の**テンソル積** (tensor product) といい $M \otimes_R N$ と書く．状況が明らかなときは，$M \otimes N$ と書くこともある．
 (i) R-双線形写像 $\Phi : M \times N \longrightarrow L$ が存在する．
 (ii) Φ は普遍的である．つまり，任意の R-加群 U と任意の R-双線形写像 $F : M \times N \longrightarrow U$ に対し，R-準同型写像 $f : L \longrightarrow U$ が一意的に存在して

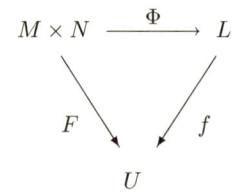

$$\begin{array}{ccc} M \times N & \xrightarrow{\Phi} & L \\ & \searrow{\scriptstyle F} \ \swarrow{\scriptstyle f} & \\ & U & \end{array}$$

$F = f \circ \Phi$ を満たす．
この L を $M \otimes_R N$, $\Phi : M \times N \longrightarrow M \otimes_R N$ を $\Phi(x, y) = x \otimes y$ と書く．

このような性質を有するテンソル積を構成し存在を示さなければならないが，存在証明は後回しにして，まず一意性を証明しよう．

補題 2.1.4　$(M \otimes_R N, \Phi)$ は存在すれば一意的である．

証明　もう 1 つ (L_1, Φ_1) が存在するとする．普遍性から可換図式

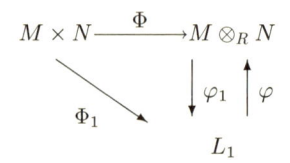

$$\begin{array}{ccc} M \times N & \xrightarrow{\Phi} & M \otimes_R N \\ & \searrow{\scriptstyle \Phi_1} & \downarrow{\scriptstyle \varphi_1} \uparrow{\scriptstyle \varphi} \\ & & L_1 \end{array}$$

が存在する．テンソル積の性質 (ii) より $\varphi \circ \varphi_1, \varphi_1 \circ \varphi$ はどちらも恒等写像である．よって，φ_1, φ は同型写像となる． ∎

命題 2.1.5 テンソル積 $(M \otimes_R N, \Phi)$ は存在する.

証明 $M \times N = \{(x,y) | x \in M, y \in N\}$ の元を基底とする自由 R-加群 $\tilde{L}$ を次のようにつくる.

$$\tilde{L} = \{\sum_{\text{有限和}} \alpha_i(x_i, y_i) \mid \alpha_i \in R, (x_i, y_i) \in M \times N\}.$$

$\tilde{L}$ の元

$$\begin{aligned}
&(x_1 + x_2, y) - (x_1, y) - (x_2, y) \quad (x_1, x_2 \in M, y \in N), \\
&(x, y_1 + y_2) - (x, y_1) - (x, y_2) \quad (x \in M, y_1, y_2 \in N), \\
&(\lambda x, y) - \lambda(x, y) \quad (\lambda \in R, x \in M, y \in N), \\
&(x, \lambda y) - \lambda(x, y) \quad (\lambda \in R, x \in M, y \in N)
\end{aligned}$$

で生成される R-部分加群 $\tilde{K}(\subset \tilde{L})$ を考える.

$$L = \tilde{L}/\tilde{K}$$

とおく. $\tilde{\Phi}: \tilde{L} \longrightarrow L$ を標準的準同型写像とする. このとき

$$\tilde{\Phi}\left(\sum_i \alpha_i(x_i, y_i)\right) = \sum_i \alpha_i \tilde{\Phi}((x_i, y_i))$$

が成り立ち

$$\tilde{\Phi}(\tilde{K}) = 0$$

である. $\tilde{\Phi}|_{M \times N} = \Phi$ とおく.

$$\Phi: M \times N \hookrightarrow \tilde{L} \xrightarrow{\tilde{\Phi}} L$$

このとき,

$$\begin{aligned}
&\Phi(x_1 + x_2, y) - \Phi(x_1, y) - \Phi(x_2, y) \\
&= \tilde{\Phi}((x_1 + x_2, y) - (x_1, y) - (x_2, y)) \\
&= 0
\end{aligned}$$

となる. R-双線形性の他の条件も同様に示せるから Φ は R-双線形写像となる.

最後に (L, Φ) がテンソル積の条件 (i), (ii) を満たすことを示そう. (i) はすでに示した. (ii) を示すために, 任意の R-加群 U と R-双線形写像 $F: M \times N \longrightarrow U$ を考える.

$$
\begin{array}{ccccc}
M \times N & \overset{i}{\hookrightarrow} & \tilde{L} & \overset{\tilde{\Phi}}{\longrightarrow} & L \\
& \searrow F & \downarrow \psi & \swarrow \psi' & \\
& & U & &
\end{array}
$$

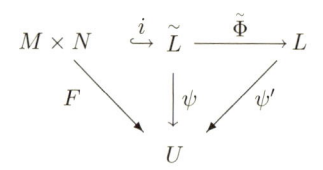

R-準同型写像 $\psi : \tilde{L} \longrightarrow U$ を

$$\psi\left(\sum_i \alpha_i(x_i, y_i)\right) = \sum_i \alpha_i F(x_i, y_i)$$

と定義する．F が双線形だから $\psi(\tilde{K}) = 0$ となる．よって，R-準同型写像 $\psi' : L = \tilde{L}/\tilde{K} \longrightarrow U$ を引き起こし，$\psi = \psi' \circ \tilde{\Phi}$ が成り立つ．ゆえに，$F = \psi' \circ \Phi$ を得る．ψ' の一意性は，L が (x,y) の形の元で生成され，その行き先が $F(x,y)$ にならざるを得ないことからしたがう．よって，(ii) も成り立つ． ∎

以上から，R を 1 を持つ可換環とし，M, N を R-加群とするとき，テンソル積 $M \otimes_R N$ は一意的に存在することが示せた．次の基本的性質はテンソル積の定義からただちにしたがう．

注意 2.1.6　（テンソル積の性質）　$\Phi(x,y) = x \otimes y$ は次を満たす．
  (i) $(x_1 + x_2) \otimes y = x_1 \otimes y + x_2 \otimes y$ 　$(x_1, x_2 \in M, y \in N)$．
  (ii) $x \otimes (y_1 + y_2) = x \otimes y_1 + x \otimes y_2$ 　$(x \in M, y_1, y_2 \in N)$．
  (iii) $(\lambda x) \otimes y = \lambda(x \otimes y)$ 　　　　　$(\lambda \in R, x \in M, y \in N)$．
  (iv) $x \otimes \lambda y = \lambda(x \otimes y)$ 　　　　　$(\lambda \in R, x \in M, y \in N)$．

命題 2.1.7　$R = k$ を体とする．M, N を k 上のベクトル空間とし，$u_1, \cdots, u_m$ を M の基底，$v_1, \cdots, v_n$ を N の基底とする．このとき，$\{u_i \otimes v_j\}_{1 \leq i \leq m, 1 \leq j \leq n}$ は $M \otimes_k N$ の基底である．とくに $\dim M \otimes_k N = \dim M \times \dim N$ が成り立つ．

証明　先の記号を用いれば，

$$\tilde{\Phi} : \tilde{L} \longrightarrow L = M \otimes_k N$$

は全射であるから，$M \otimes_k N$ の任意の元 u に対し，$x_\ell \in M, y_\ell \in N$ が存在して

$$u = \sum_{\text{有限和}} \alpha_\ell (x_\ell \otimes y_\ell)$$

と書ける．$u_1, \cdots, u_m$ は M の基底，$v_1, \cdots, v_n$ は N の基底であるから，$\alpha_{i\ell}, \beta_{j\ell} \in k$ が存在して，

$$x_\ell = \sum_i \alpha_{i\ell} u_i, \quad y_\ell = \sum_j \beta_{j\ell} v_j$$

と表示できる．ゆえに

$$u = \sum_{i,j} \left(\sum_\ell \alpha_{i\ell} \beta_{j\ell} \right) u_i \otimes v_j$$

となる．よって $\dim M \otimes_k N \leq \dim M \times \dim N$ を得る．

一方，R-双線形写像 $F : M \times N \longrightarrow k$ に対し，テンソル積の普遍性を用いて

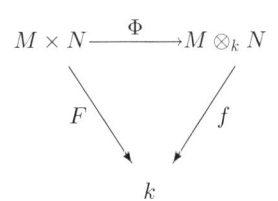

$$\begin{CD} M \times N @>\Phi>> M \otimes_k N \\ @VFVV @VVfV \\ k @= k \end{CD}$$

が可換図式になるような f が一意的に決まる．したがって

$$\mathcal{L}(M, N; k) \hookrightarrow \mathrm{Hom}_k(M \otimes N, k)$$

なる単射を得るから

$$\dim M \times \dim N = \dim_k \mathcal{L}(M, N; k)$$
$$\leq \dim \mathrm{Hom}_k(M \otimes N, k) = \dim M \otimes_k N$$

となる．よって，$\dim M \otimes_k N = \dim M \times \dim N$ となり，$\{u_i \otimes v_j\}$ は基底となる．■

系 2.1.8 $R = k$ を体とし，M, N を k 上のベクトル空間とする．$M \ni u_1, \cdots, u_m$ が k 上線形独立で，$N \ni v_1, \cdots, v_n$ も k 上線形独立とすれば，$\{u_i \otimes v_j\}_{1 \leq i \leq m, 1 \leq j \leq n}$ も k 上線形独立である．

命題 2.1.9 M_1, M_2, N_1, N_2 を R-加群，$f_1 : M_1 \to N_1, f_2 : M_2 \to N_2$ を R-準同型写像とする．このとき，R-準同型写像

$$f_1 \otimes f_2 : M_1 \otimes_R M_2 \longrightarrow N_1 \otimes_R N_2$$

で $(f_1 \otimes f_2)(x_1 \otimes x_2) = f_1(x_1) \otimes f_2(x_2), x_1 \in M_1, x_2 \in M_2$ となるものが一意的に存在する．

証明 $\tilde{L}_M$ を $M_1 \times M_2$ の元を生成元とする自由 R-加群，$\tilde{K}_M$ をテンソル積を定義するため先に定義したような $\tilde{L}_M$ の R-部分加群とする．このとき，$\tilde{L}_M / \tilde{K}_M \cong M_1 \otimes_R M_2$ である．同様に，$\tilde{L}_N$ を $N_1 \times N_2$ の元を生成元とする自由 R-加群，$\tilde{K}_N$ をテンソル積を定義するため先に定義したような $\tilde{L}_N$ の R-部分加群とする．このとき，$\tilde{L}_N / \tilde{K}_N \cong N_1 \otimes_R N_2$ である．このとき，図式

$$\begin{array}{ccccc} M_1 \times M_2 & \hookrightarrow & \tilde{L}_M & \longrightarrow & M_1 \otimes M_2 \\ \downarrow f_1 \times f_2 & & & & \\ N_1 \times N_2 & \hookrightarrow & \tilde{L}_N & \longrightarrow & N_1 \otimes N_2 \end{array}$$

を得る．R-準同型写像 $\tilde{\psi} : \tilde{L}_M \longrightarrow \tilde{L}_N$ を

$$\tilde{\psi}\left(\sum_i \alpha_i(x_i, y_i)\right) := \sum_i \alpha_i(f_1(x_i), f_2(y_i))$$

によって定義する．このとき $\tilde{\psi}(\tilde{K}_M) \subset \tilde{K}_N$ となるから，準同型写像

$$\psi : \tilde{L}_M / \tilde{K}_M \longrightarrow \tilde{L}_N / \tilde{K}_N$$

を引き起こす．定義によって，これは $\psi(x_1 \otimes x_2) = f_1(x_1) \otimes f_2(x_2)$ を満たす．ψ が求める写像であり，$\psi = f_1 \otimes f_2$ とおけばよい． ∎

命題 2.1.9 において，$R = k$ を体，$M_1 = N_1, M_2 = N_2$ とする．この場合に，命題 2.1.9 における準同型写像 $f_1 \otimes f_2$ を行列を用いて具体的に表示し

よう．

 $M_1 = N_1$, $M_2 = N_2$ を k 上のベクトル空間，$\{u_1, \cdots, u_m\}$ を M_1 の基底，$\{v_1, \cdots, v_n\}$ を M_2 の基底とする．これらの基底に関する f_1, f_2 の行列表示をそれぞれ

$$f_1 \langle u_1, \cdots, u_m \rangle = \langle u_1, \cdots, u_m \rangle A,$$
$$f_2 \langle v_1, \cdots, v_n \rangle = \langle v_1, \cdots, v_n \rangle B$$

とする．このとき，$f_1 \otimes f_2 : M_1 \otimes M_2 \longrightarrow M_1 \otimes M_2$ の行列表示を

$$f_1 \otimes f_2 \langle \cdots, u_i \otimes v_j, \cdots \rangle = \langle \cdots, u_i \otimes v_j, \cdots \rangle A \otimes B$$

と書いて，$A \otimes B$ を A, B の**クロネッカー積** (Kronecker product) という．行列 $A \otimes B$ は基底 $u_i \otimes v_j$ の並べ方に依存する．$u_i \otimes v_j = w_{ij}$ とおき，基底を

$$\langle w_{11}, w_{12}, \cdots, w_{1n}, w_{21}, \cdots, w_{2n}, \cdots, w_{m1}, \cdots, w_{mn} \rangle$$

と並べると，$A = (a_{ij})$ とするとき，クロネッカー積 $A \otimes B$ は

$$A \otimes B = \begin{pmatrix} a_{11}B & \cdots & a_{1m}B \\ \vdots & & \vdots \\ a_{m1}B & \cdots & a_{mm}B \end{pmatrix}$$

となる．クロネッカー積は次のような性質を持つ（章末問題 (15)(16) 参照）．

定理 2.1.10（クロネッカー積の公式） A は m 次正方行列，B は n 次正則行列とし，ここにおける行列は演算の定義できるサイズの行列であるとする．

(i) $\mathrm{Tr}(A \otimes B) = (\mathrm{Tr}\, A)(\mathrm{Tr}\, B)$.

(ii) $\det(A \otimes B) = (\det A)^n (\det B)^m$.

(iii) $(A_1 \otimes B_1)(A_2 \otimes B_2) = A_1 A_2 \otimes B_1 B_2$.

(iv) $(C \otimes D)^{-1} = C^{-1} \otimes D^{-1}$ 　　（C, D は正則行列）．

(v) $A \otimes (B_1 + B_2) = A \otimes B_1 + A \otimes B_2$.

(vi) $(PAP^{-1}) \otimes B = (P \otimes E)(A \otimes B)(P \otimes E)^{-1}$ 　　（P は正則行列，E は単位行列）．

2.2 テンソル積の性質

本節では，テンソル積の持つ重要な性質を調べる．R を 1 を持つ可換環，M, N, M_1, M_2 を R-加群とする．

(I) $M \otimes_R R \cong M$

証明 図式

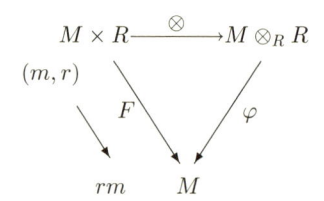

$$
\begin{array}{ccc}
M \times R & \xrightarrow{\otimes} & M \otimes_R R \\
(m,r) & & \\
& \searrow F \quad \swarrow \varphi & \\
rm & M &
\end{array}
$$

を考える．ここに，F は R-双線形写像であるから，テンソル積の普遍性から R-準同型写像 $\varphi : M \otimes_R R \to M$ が存在する．R-準同型写像

$$
\begin{array}{cccc}
\varphi' : & M & \longrightarrow & M \otimes_R R \\
 & m & \mapsto & m \otimes 1
\end{array}
$$

を考えれば，$\varphi' \circ \varphi, \varphi \circ \varphi'$ はどちらも恒等写像になる．よって，$M \otimes_R R \cong M$ となる． ∎

(II) $M \otimes_R N \cong N \otimes_R M$

証明 図式

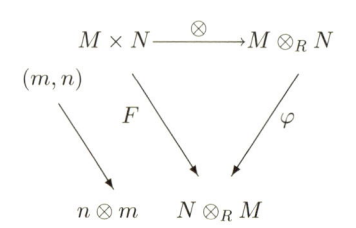

$$
\begin{array}{ccc}
M \times N & \xrightarrow{\otimes} & M \otimes_R N \\
(m,n) & & \\
& \searrow F \quad \swarrow \varphi & \\
n \otimes m & N \otimes_R M &
\end{array}
$$

を考える.ここに,F は R-双線形写像であるから,R-準同型写像 $\varphi: M \otimes_R N \to N \otimes_R M$ が存在する.可換図式から $\varphi(m \otimes n) = n \otimes m$ $(m \in M, n \in N)$ である.M と N の立場をかえて,R-準同型写像 $\varphi': N \otimes_R M \to M \otimes_R N$ が存在し,$\varphi(n \otimes m) = m \otimes n$ $(m \in M, n \in N)$ となる.このとき,$\varphi \circ \varphi'$, $\varphi' \circ \varphi$ は恒等写像になる.ゆえに,$M \otimes_R N \cong N \otimes_R M$ を得る. ∎

(III) $(M_1 \oplus M_2) \otimes_R N \cong (M_1 \otimes_R N) \oplus (M_2 \otimes_R N)$

証明 L を R-加群とし,$F: (M_1 \oplus M_2) \times N \longrightarrow L$ を任意の R-双線形写像とする.$F_1 = F|_{M_1 \times N}, F_2 = F|_{M_2 \times N}$ とおく.テンソル積の普遍性から次の 2 つの可換図式を得る.

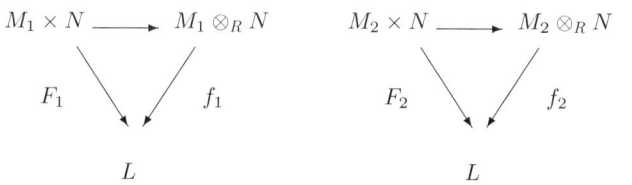

$$
\begin{array}{ccc}
M_1 \times N & \longrightarrow & M_1 \otimes_R N \\
& F_1 \searrow \swarrow f_1 & \\
& L &
\end{array}
\qquad
\begin{array}{ccc}
M_2 \times N & \longrightarrow & M_2 \otimes_R N \\
& F_2 \searrow \swarrow f_2 & \\
& L &
\end{array}
$$

この 2 つの図式から,可換図式

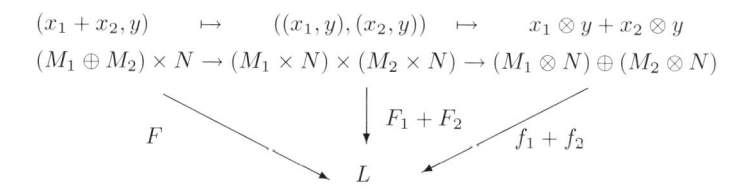

$$
\begin{array}{ccccc}
(x_1 + x_2, y) & \mapsto & ((x_1, y), (x_2, y)) & \mapsto & x_1 \otimes y + x_2 \otimes y \\
(M_1 \oplus M_2) \times N & \to & (M_1 \times N) \times (M_2 \times N) & \to & (M_1 \otimes N) \oplus (M_2 \otimes N) \\
& F \searrow & \downarrow F_1 + F_2 & \swarrow f_1 + f_2 & \\
& & L & &
\end{array}
$$

を得る.$x_1 \otimes y, x_2 \otimes y$ の行き先を考えれば,この図式をつくる $f_1 + f_2$ は一意的である.よって普遍性を満たすから,$M_1 \oplus M_2$ と N の R 上のテンソル積の一意性から $(M_1 \oplus M_2) \otimes_R N \cong (M_1 \otimes_R N) \oplus (M_2 \otimes_R N)$ を得る. ∎

(IV) $M \supset M_1, N \supset N_1$ を R-部分加群とし,$\pi: M \to M/M_1, \rho: N \to N/N_1$ を標準的 R-準同型写像とする.このとき

$$\pi \otimes \rho: M \otimes_R N \to (M/M_1) \otimes_R (N/N_1)$$

は全射準同型写像であり,

$$\mathrm{Ker}\,(\pi \otimes \rho) = M \otimes N_1 + M_1 \otimes N$$

となる．とくに，

$$M \otimes N/(M \otimes N_1 + M_1 \otimes N) \cong (M/M_1) \otimes (N/N_1)$$

が成り立つ．

証明 (1) 全射性の証明

$M/M_1 \otimes_R N/N_1$ は $\bar{x} \otimes \bar{y}$ $(x \in M, y \in N)$ によって生成される．$\pi(x) = \bar{x}, \rho(y) = \bar{y}$ より

$$(\pi \otimes \rho)(x \otimes y) = \bar{x} \otimes \bar{y}$$

だから，$\bar{x} \otimes \bar{y} \in \mathrm{Im}(\pi \otimes \rho)$ となる．$\mathrm{Im}(\pi \otimes \rho)$ は生成元を含むから $\pi \otimes \rho$ は全射となる．

(2) $\mathrm{Ker}\,(\pi \otimes \rho) \supset M \otimes N_1 + M_1 \otimes N$ であることの証明

$(\pi \otimes \rho)(M \otimes N_1 + M_1 \otimes N) = 0$ であることからしたがう．

(3) $\mathrm{Ker}\,(\pi \otimes \rho) \subset M \otimes N_1 + M_1 \otimes N$ であることの証明

R-双線形写像

$$\begin{array}{rccl} G = & M/M_1 \times N/N_1 & \longrightarrow & M \otimes N/(M \otimes N_1 + M_1 \otimes N) \\ & (\bar{x}, \bar{y}) & \mapsto & \overline{x \otimes y} \end{array}$$

と定義する．この定義がうまくいくことは，$\bar{x}' = \bar{x}, \bar{y}' = \bar{y}$ なる元をとるとき，$m_1 \in M_1, n_1 \in N_1$ が存在して，それぞれ $x' = x + m_1, y' = y + n_1$ となるから，

$$\begin{aligned} \overline{x' \otimes y'} &= \overline{(x + m_1) \otimes (y + n_1)} \\ &= \overline{x \otimes y + x \otimes n_1 + m_1 \otimes y + m_1 \otimes n_1} \\ &= \overline{x \otimes y} \end{aligned}$$

となることからわかる．

このとき，普遍性から可換図式

$$M/M_1 \times N/N_1 \xrightarrow{\otimes} M/M_1 \otimes N/N_1$$

（図式：G，$\exists g$，$\pi \otimes \rho$）

$$M \otimes N/(M \otimes N_1 + M_1 \otimes N) \xrightarrow{\tau} M \otimes N/\mathrm{Ker}\,(\pi \otimes \rho)$$

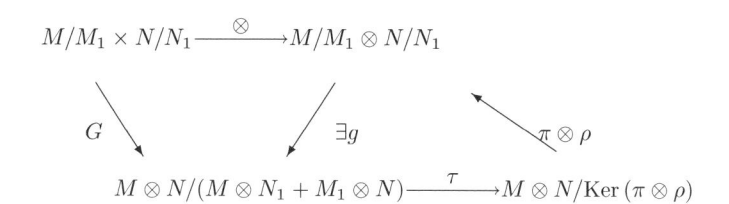

を得る．この図式において，g が全射であることは，生成元に対する全射性が容易に示せることからしたがう．また，$(\pi \otimes \rho) \circ \tau \circ g$ は同型写像だから g は単射となる．よって g は同型写像である．したがって，τ も同型写像となり，かつ $\mathrm{Ker}\,(\pi \otimes \rho) = M \otimes N_1 + M_1 \otimes N$ を得る．∎

系 2.2.1 上記 (IV) (p.43) の記号の下に，

$$M \otimes_R (N/N_1) = (M \otimes_R N)/(M \otimes_R N_1)$$

が成り立つ．

系 2.2.2 R のイデアル $\mathfrak{a}, \mathfrak{b}$ に対し

$$(R/\mathfrak{a}) \otimes_R (R/\mathfrak{b}) \cong R/(\mathfrak{a} + \mathfrak{b})$$

が成り立つ．

証明 (IV) で $M = N = R$, $M_1 = \mathfrak{a}, N_1 = \mathfrak{b}$ とおく．

$$
\begin{array}{rcl}
M \otimes_R N & = & R \otimes_R R \cong R \\
x \otimes y & \mapsto & xy
\end{array}
$$

を考えれば，

$$\mathrm{Ker}\,(\pi \otimes \rho) = \mathfrak{a} \otimes R + R \otimes \mathfrak{b} = \mathfrak{a} + \mathfrak{b}$$

となることからしたがう．∎

注意 2.2.3 系 2.2.1 の意味を別の角度から考えてみよう．R-加群の完全系列

$$0 \longrightarrow N_1 \longrightarrow N \xrightarrow{\rho} N/N_1 \longrightarrow 0$$

を考える．このとき，系 2.2.1 は，系列
$$M \otimes_R N_1 \longrightarrow M \otimes_R N \longrightarrow M \otimes_R (N/N_1) \longrightarrow 0$$
が完全系列になることを表わしている．

定義 2.2.4 M を R-加群とする．R-加群の任意の完全系列
$$0 \longrightarrow N_1 \longrightarrow N_2 \longrightarrow N_3 \longrightarrow 0$$
に対し，系列
$$0 \longrightarrow M \otimes_R N_1 \longrightarrow M \otimes_R N_2 \longrightarrow M \otimes_R N_3 \longrightarrow 0$$
が完全系列になるとき，M を R 上**平坦** (flat) であるという．

【例 2.2.5】 R を環，n を自然数とするとき，自由 R-加群 $M \cong R^n$ は平坦である．これは，任意の R-加群 N に対して
$$M \otimes_R N \cong R^n \otimes_R N \cong (R \otimes_R N)^n \cong N^n$$
であることからしたがう．

【例 2.2.6】 $n \geq 2$ を自然数とするとき，$\mathbf{Z}$-加群 $\mathbf{Z}/n\mathbf{Z}$ は平坦でない．なぜならば，自然入射 $2\mathbf{Z} \to \mathbf{Z}$ から得られる写像 $2\mathbf{Z} \otimes_\mathbf{Z} \mathbf{Z}/2\mathbf{Z} \to \mathbf{Z} \otimes_\mathbf{Z} \mathbf{Z}/2\mathbf{Z}$ を考える．このとき，$2 \otimes 1 \in 2\mathbf{Z} \otimes_\mathbf{Z} \mathbf{Z}/2\mathbf{Z}$ は零元ではないが，$\mathbf{Z} \otimes_\mathbf{Z} \mathbf{Z}/2\mathbf{Z}$ の中では，$2 \otimes 1 = 1 \otimes 2 = 0$ となる．よって，$2\mathbf{Z} \otimes_\mathbf{Z} \mathbf{Z}/2\mathbf{Z} \to \mathbf{Z} \otimes_\mathbf{Z} \mathbf{Z}/2\mathbf{Z}$ は単射でない．

次の命題は平坦の意味をよく反映している．

命題 2.2.7 R を整域，M を R-加群とする．このとき，M が平坦ならば M はねじれがない．

証明 $R \ni a \neq 0$ をとり，写像

$$T_a: R \longrightarrow R$$
$$x \mapsto ax$$

を考える．a は零因子ではないから，完全系列

$$0 \to R \xrightarrow{T_a} R$$

を得る．M は平坦だから

$$0 \to R \otimes_R M \xrightarrow{T_a \otimes \mathrm{id}} R \otimes_R M$$

も完全系列である．$R \otimes_R M \cong M$ であるから，これは a の M へのスカラー倍が単射であることを示している．よって，M はねじれがない． ∎

注意 2.2.8 R が単項イデアル整域ならば，この命題の逆も成立する（章末問題 (25) 参照）．

注意 2.2.9 A, B を可換環，$\varphi: A \to B$ を環準同型写像とする．このとき，B は φ によって A-加群とみなせる．つまり，$a \in A$ の B への作用を

$$a: B \longrightarrow B$$
$$b \mapsto \varphi(a)b$$

によって定義すれば，B は A-加群となる．したがって，M を A-加群とすれば $B \otimes_A M$ をつくることができる．$B \otimes_A M$ は，$b \in B, c \otimes m \in B \otimes_A M$ に対し，

$$b - b \otimes \mathrm{id}: B \otimes_A M \longrightarrow B \otimes_A M$$
$$c \otimes m \mapsto b(c \otimes m) = bc \otimes m$$

によって B-加群になる．これを**係数環拡大**という．

注意 2.2.10 本書では，煩雑さをさけるため，可換環 R 上の加群に限定してテンソル積の理論を述べたが，非可換な R に対しても，普遍性を有するテンソル積を定義することができる．すなわち，M_1 を右 R-加群，M_2 を左 R-加群，N をアーベル群とする．写像 $f: M_1 \times M_2 \to N$ が次の 3 条件を満たすとき**準双線形写像**という．

    (i) $f(u_1, u_2)$ $(u_1 \in M_1, u_2 \in M_2)$ は，u_2 を固定したとき u_1 について加法群の準同型写像である．

(ii) $f(u_1, u_2)$ $(u_1 \in M_1, u_2 \in M_2)$ は u_1 を固定したとき u_2 について加法群の準同型写像である.

(iii) $f(u_1 r, u_2) = f(u_1, r u_2)$ $(r \in R)$.

次の性質を持つアーベル群 L を M_1 と M_2 の R 上の**テンソル積** (tensor product) といい $M \otimes_R N$ と書く.

(i) 準双線形写像 $\Phi : M_1 \times M_2 \longrightarrow L$ が存在する.

(ii) Φ は普遍的である. つまり, 任意のアーベル群 U と任意の準双線形写像 $F : M_1 \times M_2 \longrightarrow U$ に対し, アーベル群の準同型写像 $f : L \longrightarrow U$ が一意的に存在して

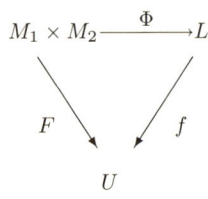

$$\begin{array}{ccc} M_1 \times M_2 & \xrightarrow{\Phi} & L \\ & \searrow_{F} \swarrow_{f} & \\ & U & \end{array}$$

$F = f \circ \Phi$ を満たす.

R が可換環の場合と同様の方法でテンソル積が存在し, 類似の性質を満たすことを示すことができる. また, M_1 が両側 R-加群, つまり左 R-加群かつ右 R-加群の場合には,

$$r(m_1 \otimes m_2) = (rm_1) \otimes m_2$$

なる R のスカラー倍が定義でき, $M_1 \otimes_R M_2$ は左 R-加群になることがわかる.

2.3 テンソル代数

本節では, とくに断らない限り, R を体とする. M を R 上のベクトル空間とし, 次元を $\dim_R M = n < \infty$ とする. M の**双対空間** (dual space) を $M^* = \operatorname{Hom}_R(M, R)$ とおく.

定義 2.3.1

$$\begin{aligned} T^r = T^r(M) &= \overbrace{M \otimes_R M \otimes_R \cdots \otimes_R M}^{r \text{ 個}} \quad (r \geq 1), \\ T^0 = T^0(M) &= R \end{aligned}$$

とおき, T^r を r 階**反変テンソル空間** (contravariant tensor space) という.

$$T_s = T_s(M) = \overbrace{M^* \otimes_R M^* \otimes_R \cdots \otimes_R M^*}^{s \text{ 個}} \quad (s \geq 1),$$
$$T_0 = T_0(M) = R$$

とおき，T_s を s 階共変テンソル空間 (covariant tensor space) という．

$$T_s^r = T_s^r(M) = \overbrace{M \otimes \cdots \otimes M}^{r \text{ 個}} \otimes \overbrace{M^* \otimes \cdots \otimes M^*}^{s \text{ 個}}$$

とおき，T_s^r を r 階反変 s 階共変な**混合テンソル空間** (mixed tensor space) という．

M の基底を $u_1, \cdots, u_n$，M^* の双対基底を $v^1, \cdots, v^n$ ($\langle u_i, v^j \rangle = \delta_{ij}$，$\delta_{ij}$ はクロネッカーのデルタ) とすれば，$T^r(M)$ の基底は

$$u_{i_1} \otimes \cdots \otimes u_{i_r} \quad (1 \leq i_1, i_2, \cdots, i_r \leq n),$$

$T_s(M)$ の基底は

$$v^{j_1} \otimes \cdots \otimes v^{j_s} \quad (1 \leq j_1, j_2, \cdots, j_s \leq n),$$

で与えられる．また，$T_s^r(M)$ の基底は，

$$u_{i_1} \otimes \cdots \otimes u_{i_r} \otimes v^{j_1} \otimes \cdots \otimes v^{j_s} \quad (1 \leq i_1, i_2, \cdots, i_r, j_1, j_2, \cdots, j_s \leq n)$$

で与えられる．したがって，それぞれのベクトル空間の次元は次のようになる．

補題 2.3.2 $\dim_R T^r(M) = n^r$, $\dim_R T_s(M) = n^s$, $\dim T_s^r(M) = n^{r+s}$.

定義 2.3.3 M 上の**テンソル代数** (tensor algebra) を

$$T^*(M) = R \oplus \sum_{r=1}^{\infty} T^r(M),$$
$$T_*(M) = R \oplus \sum_{s=1}^{\infty} T_s(M),$$
$$T(M) = \sum_{r=0}^{\infty} \sum_{s=0}^{\infty} T_s^r(M)$$

によって定義する．ただし，$T_0^0(M) = R$, $T_0^r(M) = T^r(M)$, $T_s^0(M) = T_s(M)$ とする．

$T^*(M), T_*(M), T(M)$ において，和は R-加群として，積は $\otimes$ で与えられる．これによって環になる．$T^*(M)$ を**反変代数** (contravariant algebra), $T_*(M)$ を**共変代数** (covariant algebra), $T(M)$ を**混合代数** (mixed algebra) という．

注意 2.3.4 $T^*(M), T_*(M), T(M)$ は環であるばかりではなく，R の元の作用，つまりスカラー倍が定義されている．一般に，R を単位元 1 を持つ可換環とし，R-加群 A 上に結合法則を満たす積が定義されて環になり，この積が分配法則

$$(ra)b = a(rb) = r(ab) \qquad (r \in R, a, b \in A)$$

を満たすとき，A を R 上の（結合）**多元環** (associative algebra), または R 上の**代数** (algebra) という．

注意 2.3.5 $T^*(M), T_*(M) \subset T(M)$ とみなせる．

r を自然数, S_r を r 次対称群とする．$x_1, \cdots, x_r \in M$ とするとき, $S_r \ni \sigma$ の $T^r(M)$ への作用を

$$\sigma(x_1 \otimes \cdots \otimes x_r) = x_{\sigma(1)} \otimes \cdots \otimes x_{\sigma(r)}$$

によって定義する．置換 σ の符号数を $\mathrm{sgn}\,\sigma$ と書く．

定義 2.3.6 r を自然数とする．$x \in T^r$ が任意の $\sigma \in S_r$ に対し $\sigma(x) = x$ となるとき，**対称テンソル** (symmetric tensor) という．$x \in T^r$ が任意の $\sigma \in S_r$ に対し $\sigma(x) = (\mathrm{sgn}\,\sigma)x$ を満たすとき，**交代テンソル** (alternating tensor) という．

定義 2.3.7 整数 $r \geq 0$ に対し

$$S^r(M) = \{x \in T^r(M) \mid \text{任意の } \sigma \in S_r \text{ に対し } \sigma x = x\},$$
$$\wedge^r(M) = \{x \in T^r(M) \mid \text{任意の } \sigma \in S_r \text{ に対し } \sigma x = (\mathrm{sgn}\,\sigma)x\}$$

とおく．ただし，$S^0(M) = \wedge^0(M) = R$ とする．

これらは，$T^r(M)$ の R-線形部分空間となる．

定義 2.3.8 自然数 r に対して,
$$\mathcal{S}'^{(r)} = \sum_{\sigma \in S_r} \sigma,$$
$$\mathcal{A}'^{(r)} = \sum_{\sigma \in S_r} (\operatorname{sgn} \sigma) \sigma$$

とおく. ただし, $\mathcal{S}'^{(1)} = \operatorname{id}, \mathcal{A}'^{(1)} = \operatorname{id}$ である. 状況が明らかなときは, 簡単のため $\mathcal{S}'^{(r)}$ を $\mathcal{S}'$, $\mathcal{A}'^{(r)}$ を $\mathcal{A}'$ と書く.

これらは線形写像 $T^r \to T^r$ を定義する.

補題 2.3.9 $\mathcal{S}'$, $\mathcal{A}'$ は次の性質を持つ.
 (i) $\sigma \circ \mathcal{S}' = \mathcal{S}' \circ \sigma = \mathcal{S}'$.
 (ii) $\sigma \circ \mathcal{A}' = \mathcal{A}' \circ \sigma = (\operatorname{sgn} \sigma) \mathcal{A}'$.
 (iii) $r \geq 2$ のとき, $\mathcal{A}' \circ \mathcal{S}' = \mathcal{S}' \circ \mathcal{A}' = 0$.
 (iv) $\mathcal{S}'^2 = r! \mathcal{S}', \mathcal{A}'^2 = r! \mathcal{A}'$.

証明 (i) $\sigma \sum_{\tau \in S_r} \tau = \sum_{\tau \in S_r} (\sigma \tau) = \sum_{\rho \in S_r} \rho = \mathcal{S}'$. 他も同様.
 (ii) $\sigma \sum_{\tau \in S_r} (\operatorname{sgn} \tau) \tau = \operatorname{sgn} \sigma \sum_{\tau \in S_r} (\operatorname{sgn} \sigma)(\operatorname{sgn} \tau) \sigma \tau = \operatorname{sgn} \sigma \mathcal{A}'$. 他も同様.
 (iii) $r \geq 2$ のとき, $\mathcal{A}' \circ \mathcal{S}' = \sum_{\sigma \in S_r} (\operatorname{sgn} \sigma) \sigma \mathcal{S}' = (\sum_{\sigma \in S_r} \operatorname{sgn} \sigma) \mathcal{S}' = 0$. 他も同様.
 (vi) $\mathcal{S}'^2 = \sum \sigma \circ \mathcal{S}' = r! \mathcal{S}'$, $\mathcal{A}'^2 = \sum_{\sigma \in S_r} (\operatorname{sgn} \sigma) \sigma \mathcal{A}' = \sum_{\sigma \in S_r} (\operatorname{sgn} \sigma)^2 \mathcal{A}' = r! \mathcal{A}'$. ∎

以下, 体 R の標数を 0 とする.

定義 2.3.10 r を自然数とする. $\mathcal{S}^{(r)} = \frac{1}{r!} \mathcal{S}'^{(r)}$, $\mathcal{A}^{(r)} = \frac{1}{r!} \mathcal{A}'^{(r)}$ とおき, それぞれ T^r における**対称化作用素** (symmetrizer), **交代化作用素** (alternatizer) という. ただし, $\mathcal{S}^{(1)} = \operatorname{id}, \mathcal{A}^{(1)} = \operatorname{id}$ である. 状況が明らかなときは, $\mathcal{S}^{(r)}$ を $\mathcal{S}$, $\mathcal{A}^{(r)}$ を $\mathcal{A}$ と書く.

命題 2.3.11(作用素の性質)
 (i) $\mathcal{S}^2 = \mathcal{S}, \mathcal{A}^2 = \mathcal{A}$.

(ii) $r \geq 2$ のとき, $\mathcal{S} \circ \mathcal{A} = \mathcal{A} \circ \mathcal{S} = 0$.

証明 この命題は，補題 2.3.9 からしたがう． ∎

ベクトル空間の線形変換 $\varphi : V \to V$ が $\varphi^2 = \varphi$ を満たすとき，φ は**べき等** (idempotent) であるという．零写像ではないべき等な線形変換が存在すれば，線形空間は次のように分解される．

補題 2.3.12 V を体 k 上の有限ベクトル空間，$\varphi : V \to V$ を k 上の線形写像で $\varphi \neq 0, \varphi^2 = \varphi$ を満たすとする．このとき，$V = \varphi(V) \oplus (\mathrm{id} - \varphi)(V)$ と直和に分解される．

証明 任意の $x \in V$ をとれば，
$$x = \varphi(x) + (\mathrm{id} - \varphi)(x)$$
となる．よって，$V = \varphi(V) + (\mathrm{id} - \varphi)(V)$ を得る．次に，
$$x = x_1 + x_2 \quad (x_1 \in \varphi(V), x_2 \in (\mathrm{id} - \varphi)(V))$$
とする．このとき，$y_1, y_2 \in V$ が存在して，$x_1 = \varphi(y_1), x_2 = (\mathrm{id} - \varphi)(y_2)$ となる．したがって
$$\varphi(x) = \varphi(x_1) + \varphi(x_2)$$
$$= \varphi^2(y_1) + \varphi(\mathrm{id} - \varphi)(y_2)$$
$$= \varphi(y_1) = x_1$$
を得る．よって，$x_2 = x - \varphi(x)$ となり，x_1, x_2 は一意的に決まる．つまり，和は直和となる． ∎

補題 2.3.13 $r \geq 2$ とする．$T^r(M)$ の部分空間 N が存在して，
$$T^r(M) = \mathcal{S}(T^r(M)) \oplus \mathcal{A}(T^r(M)) \oplus N$$
と分解される．

証明 $N = (\mathrm{id} - \mathcal{S} - \mathcal{A})(T^r(M))$ とおく. 任意の $x \in T^r(M)$ をとる. このとき,
$$x = \mathcal{S}(x) + \mathcal{A}(x) + (\mathrm{id} - \mathcal{S} - \mathcal{A})(x)$$
と表示されるから, $T^r(M) = \mathcal{S}(T^r(M)) + \mathcal{A}(T^r(M)) + N$ となる. 次に,
$$x = y_1 + y_2 + y_3, \quad y_1 \in \mathcal{S}(T^r(M)), \quad y_2 \in \mathcal{A}(T^r(M)), \quad y_3 \in N$$
とする. このとき, $z_1, z_2, z_3 \in T^r(M)$ が存在して,
$$y_1 = \mathcal{S}(z_1), \quad y_2 = \mathcal{A}(z_2), \quad y_3 = (\mathrm{id} - \mathcal{S} - \mathcal{A})(z_3)$$
と書ける. したがって,
$$\mathcal{S}(x) = \mathcal{S}(y_1) = \mathcal{S}^2(z_1) = \mathcal{S}(z_1) = y_1,$$
$$\mathcal{A}(x) = \mathcal{A}(y_2) = \mathcal{A}^2(z_2) = \mathcal{A}(z_2) = y_2,$$
$$y_3 = x - y_1 - y_2 = (\mathrm{id} - \mathcal{S} - \mathcal{A})(x)$$
より, y_1, y_2, y_3 はそれぞれ一意的に決まる. よって直和となる. ■

補題 2.3.14 $r \geq 1$ とするとき, $S^r(M) = \mathcal{S}(T^r(M))$, $\wedge^r(M) = \mathcal{A}(T^r(M))$ となる.

証明 $x \in S^r(M)$ ならば任意の $\sigma \in S_r$ に対し, $\sigma x = x$ である. よって, $\mathcal{S}(x) = \frac{1}{r!} \sum_\sigma \sigma(x) = x$ となるから, $S^r(M) \subset \mathcal{S}(T^r(M))$ を得る.

逆に, $y \in T^r(M)$ が存在して, $x = \mathcal{S}(y)$ となれば, 任意の $\sigma \in S_r$ に対し
$$\sigma x = \sigma \circ \mathcal{S}(y) = \mathcal{S}(y) = x$$
を得る. ゆえに, $S^r(M) = \mathcal{S}(T^r(M))$ となる. 後半も同様である. ■

系 2.3.15 $r \geq 2$ とするとき, $T^r(M) = S^r(M) \oplus \wedge^r(M) \oplus N$ となる.

系 2.3.16 $r \geq 2$ とするとき, $\mathcal{S} : T^r(M) \to S^r(M)$ に対し, 部分空間 $N = (\mathrm{id} - \mathcal{S} - \mathcal{A})(T^r(M)) \subset \mathrm{Ker}\,\mathcal{S}$ を用いて,

$$\operatorname{Ker}\mathcal{S} = (\mathrm{id}-\mathcal{S})T^r(M) = \wedge^r(M) \oplus N$$

となる．$\mathcal{A}: T^r(M) \to \mathcal{A}^r(M)$ に対し，部分空間 $N = (\mathrm{id}-\mathcal{S}-\mathcal{A})(T^r(M)) \subset \operatorname{Ker}\mathcal{A}$ を用いて，

$$\operatorname{Ker}\mathcal{A} = (\mathrm{id}-\mathcal{A})T^r(M) = S^r(M) \oplus N$$

となる．

証明 $\operatorname{Ker}\mathcal{S} \supset (\mathrm{id}-\mathcal{S})T^r(M)$ は明らか．また，$x \in \operatorname{Ker}\mathcal{S}$ ならば

$$x = \mathcal{S}(x) + (\mathrm{id}-\mathcal{S})(x) = (\mathrm{id}-\mathcal{S})(x)$$

となるから $\operatorname{Ker}\mathcal{S} = (\mathrm{id}-\mathcal{S})T^r(M)$．2つ目の等式は補題 2.3.13 と補題 2.3.14 からしたがう．後半も同様である． ∎

2.4 交代代数と対称代数

本節では，とくに断らない限り，R を標数 0 の体とする．まず，次の補題を証明する．

補題 2.4.1 任意の $x \in T^r(M), y \in T^s(M)$ に対し，

$$\mathcal{S}^{(r+s)}(x \otimes y) = \mathcal{S}^{(r+s)}(\mathcal{S}^{(r)}(x) \otimes y) = \mathcal{S}^{(r+s)}(x \otimes \mathcal{S}^{(s)}(y)),$$
$$\mathcal{A}^{(r+s)}(x \otimes y) = \mathcal{A}^{(r+s)}(\mathcal{A}^{(r)}(x) \otimes y) = \mathcal{A}^{(r+s)}(x \otimes \mathcal{A}^{(s)}(y))$$

が成り立つ．

証明 $\mathcal{A}$ に対する等式を示す．この等式の各辺は x, y について線形だから，$x = x_1 \otimes \cdots \otimes x_r, y = x_{r+1} \otimes \cdots \otimes x_{r+s}, x_i \in M \ (i=1,\cdots,r+s)$ に対して示せば十分である．定義から，

$$\mathcal{A}^{(r+s)}(\mathcal{A}^{(r)}(x) \otimes y)$$
$$= \mathcal{A}^{(r+s)}\left(\frac{1}{r!}\left(\sum_{\sigma \in S_r} \operatorname{sgn}\sigma\, x_{\sigma(1)} \otimes \cdots \otimes x_{\sigma(r)}\right) \otimes x_{r+1} \otimes \cdots \otimes x_{r+s}\right).$$

$\sigma \in S_r$ に対し，$\sigma(r+j) = r+j$ $(j=1,\cdots,s)$ とおくことにより，S_{r+s} の元とみなす．そのとき，上式は

$$\mathcal{A}^{(r+s)}(\mathcal{A}^{(r)}(x) \otimes y)$$
$$= \mathcal{A}^{(r+s)}\left(\frac{1}{r!}\sum_{\sigma \in S_r} \operatorname{sgn} \sigma x_{\sigma(1)} \otimes \cdots \otimes x_{\sigma(r)} \otimes x_{\sigma(r+1)} \otimes \cdots \otimes x_{\sigma(r+s)}\right)$$
$$= \frac{1}{r!(r+s)!} \sum_{\sigma \in S_r, \tau \in S_{r+s}} \operatorname{sgn} \sigma\tau x_{\sigma\tau(1)} \otimes \cdots \otimes x_{\sigma\tau(r)} \otimes x_{\sigma\tau(r+1)} \otimes \cdots \otimes x_{\sigma\tau(r+s)}.$$

1つの σ を固定すれば，τ が S_{r+s} 全体を動くとき $\sigma\tau$ も S_{r+s} 全体を動く．よって，上式は

$$\mathcal{A}^{(r+s)}(\mathcal{A}^{(r)}(x) \otimes y)$$
$$= \frac{1}{(r+s)!} \sum_{\tau \in S_{r+s}} \operatorname{sgn} \tau x_{\tau(1)} \otimes \cdots \otimes x_{\tau(r)} \otimes x_{\tau(r+1)} \otimes \cdots \otimes x_{\tau(r+s)}$$
$$= \mathcal{A}^{(r+s)}(x_1 \otimes \cdots \otimes x_{r+s}) = \mathcal{A}^{(r+s)}(x \otimes y).$$

他も同様である． ∎

定義 2.4.2 $\dim_R M = n\ (<\infty)$ とする．R 上のベクトル空間としての直和

$$\wedge(M) = R \oplus M \oplus \wedge^2(M) \oplus \cdots \oplus \wedge^n(M)$$

に対し，積（**外積** (exterior product)）を $x \in \wedge^r(M), y \in \wedge^s(M)$ に対し

$$x \wedge y = \mathcal{A}^{(r+s)}(x \otimes y) \in \wedge^{r+s}(M)$$

によって定義する．このようにして得られる環 $\wedge(M)$ を**外積代数** (oxterior algebra)，あるいは**交代代数**という．

補題 2.4.3 定義 2.4.2 の仮定の下に，$i \geq 1$ に対し $\wedge^{n+i}(M) = 0$ が成り立つ．

証明 $u_1, \cdots, u_n$ を M の基底とする．$m = n+i$ とおく．$\wedge^m(M) \subset T^m(M)$ であり，$T^m(M)$ は $v_1 \otimes \cdots \otimes v_m$ の形の元で生成される．ここに，$v_1, \cdots, v_m$

は $u_1, \cdots, u_n$ のいずれかである．補題 2.3.14 より $\wedge^m(M)$ は

$$\mathcal{A}(v_1 \otimes \cdots \otimes v_m) = \frac{1}{m!} \sum_{\sigma \in S_m} \operatorname{sgn} \sigma v_{\sigma(1)} \otimes \cdots \otimes v_{\sigma(m)}$$

の形の元で生成される．$m > n$ のとき i, j が存在して $v_i = v_j$ となる．たとえば，$v_1 = v_2$ とする．部分群 $\{\mathrm{id}, (1\ 2)\}$ による S_m の左剰余類への分解を $S_m = \cup_{j=1}^{m!/2} \tau_j \{\mathrm{id}, (1\ 2)\}$ とすれば，$v_1 = v_2$ であることを考慮して，

$$\begin{aligned}
&\mathcal{A}^{(m)}(v_1 \otimes \cdots \otimes v_m) \\
&= \frac{1}{m!} \sum_j \operatorname{sgn}(\tau_j) \tau_j \{\mathrm{id} - (1\ 2)\}(v_1 \otimes v_2 \otimes \cdots \otimes v_m) \\
&= 0
\end{aligned}$$

となる．したがって，$\wedge^{n+i}(M) = 0$ を得る．∎

定理 2.4.4 $\wedge(M)$ は和 $+$ と積 $\wedge$ に関して環となる．とくに，$x, x_1, x_2 \in \wedge^r(M), y, y_1, y_2 \in \wedge^s(M), z \in \wedge^t(M)$ のとき

(i) $(x_1 + x_2) \wedge y = x_1 \wedge y + x_2 \wedge y$.

(ii) $x \wedge (y_1 + y_2) = x \wedge y_1 + x \wedge y_2$.

(iii) $\alpha(x \wedge y) = \alpha x \wedge y = x \wedge \alpha y \quad (\alpha \in R)$.

(iv) $(x \wedge y) \wedge z = x \wedge (y \wedge z)$.

(v) $x \wedge y = (-1)^{rs}(y \wedge x)$.

(vi) $u_1, \cdots, u_n$ を M の基底とすれば，$\wedge^r(M)$ の基底は $e_{i_1} \wedge \cdots \wedge e_{i_r}$ $(i_1 < i_2 < \cdots < i_r)$ で与えられる．その個数は $\binom{n}{r}$ に等しい．

証明 (i) を示す．

$$\begin{aligned}
(x_1 + x_2) \wedge y &= \mathcal{A}^{(r+s)}((x_1 + x_2) \otimes y) \\
&= \mathcal{A}^{(r+s)}(x_1 \otimes y + x_2 \otimes y) \\
&= \mathcal{A}^{(r+s)}(x_1 \otimes y) + \mathcal{A}^{(r+s)}(x_2 \otimes y) \\
&= x_1 \wedge y + x_2 \wedge y.
\end{aligned}$$

次に，(iv) を示す．補題 2.4.1 より

$$(x \wedge y) \wedge z = \mathcal{A}^{(r+s+t)}(\mathcal{A}^{(r+s)}(x \otimes y) \otimes z)$$
$$= \mathcal{A}^{(r+s+t)}(x \otimes y \otimes z)$$
$$= \mathcal{A}^{(r+s+t)}(x \otimes \mathcal{A}^{(s+t)}(y \otimes z))$$
$$= x \wedge (y \wedge z).$$

(ii), (iii), (v) も同様である. (vi) については以下の外積代数の具体的表示からしたがう. ∎

ここで, 外積代数を具体的に記述することを考えよう. $e_1, \cdots, e_n$ を M の基底とし, $M = Re_1 \oplus \cdots \oplus Re_n$ とする.

$$\wedge^2(M) = \mathcal{A}(M \otimes M) = \sum_{i,j} R\mathcal{A}(e_i \otimes e_j)$$

である. $\mathcal{A}(e_i \otimes e_j) = \frac{1}{2!}(e_i \otimes e_j - e_j \otimes e_i) = e_i \wedge e_j$ であるから, とくに $e_i \wedge e_i = 0, e_j \wedge e_i = -e_i \wedge e_j \ (i \neq j)$ となる. ゆえに,

$$\wedge^2(M) = \oplus_{i<j} Re_i \wedge e_j$$

を得る. また, $i_1, \cdots, i_r$ において $i_\ell = i_k \ (\ell \neq k)$ ならば,

$$e_{i_1} \wedge \cdots \wedge e_{i_r} = 0$$

であり, $1 \leq i_1 < i_2 < \cdots < i_r \leq n$ とし $j_1, j_2, \cdots, j_r$ を $i_1, i_2, \cdots, i_r$ の並べ替えとすれば,

$$e_{j_1} \wedge \cdots \wedge e_{j_r} = \operatorname{sgn} \begin{pmatrix} i_1 & \cdots & i_r \\ j_1 & \cdots & j_r \end{pmatrix} e_{i_1} \wedge \cdots \wedge e_{i_r}$$

となる. したがって, 命題 2.1.7 から $\{e_{i_1} \wedge \cdots \wedge e_{i_r}\}_{1 \leq i_1 < i_2 < \cdots < i_r \leq n}$ は $\wedge^r(M)$ の基底となり,

$$\wedge^r(M) = \mathcal{A}(\overbrace{M \otimes \cdots \otimes M}^{r \text{ 個}}) = \oplus_{i_1 < \cdots < i_r} Re_{i_1} \wedge \cdots \wedge e_{i_r}$$

を得る. また, 補題 2.4.1 より

$$e_{i_1} \wedge \cdots \wedge e_{i_r} = \mathcal{A}(e_{i_1} \otimes \cdots \otimes e_{i_r})$$

となる．これによって外積代数の構造が決まる．

注意 2.4.5
$$\dim_R \wedge^r(M) = \binom{n}{r}$$

である．したがって

$$\dim_R \wedge(M) = 1 + n + \binom{n}{2} + \cdots + \binom{n}{r} + \cdots + \binom{n}{n} = 2^n$$

となる．

ここで，外積代数の剰余環としての表示を与え，任意標数の体上の外積代数を構成しよう．$\mathcal{A}^2 = \mathcal{A}$ だから，適当な部分空間 N^r をとって，$T^r(M) = \wedge^r(M) \oplus N^r$ と書ける．ここに，$\wedge^r(M) = \mathcal{A}(T^r(M))$, $N^r = (\mathrm{id} - \mathcal{A})(T^r(M))$ であった．標数 0 なら，$\mathcal{A}$ と $\mathcal{A}'$ は定数倍の差しかないから

$$N^r = \operatorname{Ker} \mathcal{A} = \operatorname{Ker} \mathcal{A}'$$

となる．$\mathcal{A}'$ は正標数でも意味を有するから

$$N'^r = \operatorname{Ker} \mathcal{A}'$$

とおき，任意標数において

$$\tilde{\wedge}^r(M) = T^r(M)/N'^r$$

と定義する．標数 0 においては，全射準同型写像 $\mathcal{A}' : T^r(M) \to \wedge^r(M)$ において，$\operatorname{Ker} \mathcal{A}' = N'^r = N^r$ であることを考慮すれば，準同型定理から

$$\tilde{\wedge}^r(M) \cong \wedge^r(M)$$

が成り立つ．

注意 2.4.6 $r > \dim M$ なら $T^r(M) = N'^r$ となるから，$\tilde{\wedge}^r(M) = 0$ を得る．

$$\tilde{\wedge}(M) = R \oplus M \oplus \tilde{\wedge}^2(M) \oplus \cdots \oplus \tilde{\wedge}^r(M)$$

とおく. 任意標数において, $\bar{x} \in \tilde{\wedge}^r(M), \bar{y} \in \tilde{\wedge}^s(M)$ に対し積を

$$\bar{x} \wedge \bar{y} = x \otimes y \bmod N'^{r+s} \in \tilde{\wedge}^{r+s}(M)$$

と定義する. この積は, 次のようにしてうまく定義できることがわかる. 任意の $x_1 = x + x'$, $x' \in N'^r$ をとる. 定義から $\mathcal{A}'^{(r)}(x') = 0$ である. また, 任意の $y_1 = y + y'$, $y' \in N'^s$ をとれば, 定義から $\mathcal{A}'^{(s)}(y') = 0$ となる. このとき,

$$x_1 \otimes y_1 = x \otimes y + x' \otimes y + x \otimes y' + x' \otimes y'$$

であるから, $\mathcal{A}'^{(r+s)}(x' \otimes y) = 0$, $\mathcal{A}'^{(r+s)}(x \otimes y') = 0$, $\mathcal{A}'^{(r+s)}(x' \otimes y') = 0$ をいえばよい. 証明の方法は補題 2.4.1 と同様であるが, 任意標数における証明として再構成しておこう. 群の自然な入射

$$\begin{array}{ccc} S_r & \hookrightarrow & S_{r+s} \\ \sigma & \mapsto & \begin{pmatrix} \sigma & r+1 & \cdots & r+s \\ & r+1 & \cdots & r+s \end{pmatrix} \end{array}$$

を考える. 剰余類分解

$$S_{r+s} = \coprod_{i=1}^{k} \tau_i S_r$$

を用いれば,

$$\mathcal{A}'^{(r+s)} = \sum_{\rho \in S_{r+s}} (\operatorname{sgn} \rho) \rho = \sum_{i=1}^{k} (\operatorname{sgn} \tau_i) \tau_i \mathcal{A}'^{(r)}$$

となるから,

$$\mathcal{A}'^{(r+s)}(x' \otimes y) = \sum_{i=1}^{k} (\operatorname{sgn} \tau_i) \tau_i (\mathcal{A}'^{(r)}(x') \otimes y) = 0$$

となる. 他も同様である.

定理 2.4.7 標数 0 のとき, 環としての同型

$$\tilde{\wedge}(M) \cong \wedge(M)$$

が成り立つ.

証明 $x \in \wedge^r(M), y \in \wedge^s(M)$ とすれば，積の定義によって $x \wedge y = \mathcal{A}^{(r+s)}(x \otimes y)$ である．一方，$(\mathcal{A}^{(r+s)})^2 = \mathcal{A}^{(r+s)}$ を用いれば，$\mathcal{A}^{(r+s)}(\mathcal{A}^{(r+s)}(x \otimes y) - x \otimes y) = 0$ となるから $x \otimes y = \mathcal{A}^{(r+s)}(x \otimes y) + z \ (z \in N^{r+s})$ と書ける．ゆえに，
$$\bar{x} \wedge \bar{y} = x \otimes y \mod N'^{r+s}$$
となり環構造が一致する． ∎

注意 2.4.8 R 上の結合多元環としても $\bar{\wedge}(M) \cong \wedge(M)$ が成り立つ．

外積代数は行列式と密接な関係があることを調べておこう．$e_1, \cdots, e_n$ を M の基底とする．この基底を用いてベクトル $x_1, \cdots, x_n$ を
$$x_1 = a_{11}e_1 + \cdots + a_{1n}e_n$$
$$\vdots$$
$$x_n = a_{n1}e_1 + \cdots + a_{nn}e_n$$
と表示する．係数行列を $A = (a_{ij})$ とおく．

$$x_1 \wedge \cdots \wedge x_n$$
$$= \left(\sum_{i_1} a_{1i_1} e_{i_1}\right) \wedge \cdots \wedge \left(\sum_{i_n} a_{ni_n} e_{i_n}\right)$$
$$= \sum_{i_1, \cdots, i_n} a_{1i_1} \cdots a_{ni_n} e_{i_1} \wedge \cdots \wedge e_{i_n}$$

であるが，最後の項において，$e_{i_1}, \cdots, e_{i_n}$ の中に同じものがあれば $e_{i_1} \wedge \cdots \wedge e_{i_n}$ は 0 となる．$\begin{pmatrix} 1 & \cdots & n \\ i_1 & \cdots & i_n \end{pmatrix} \in S_n$ のときのみ $e_{i_1} \wedge \cdots \wedge e_{i_n}$ は 0 ではなく，
$$\operatorname{sgn} \begin{pmatrix} 1 & \cdots & n \\ i_1 & \cdots & i_n \end{pmatrix} e_1 \wedge \cdots \wedge e_n$$
に等しい．まとめると，
$$x_1 \wedge \cdots \wedge x_n = \sum_{\sigma \in S_n} (\operatorname{sgn} \sigma) a_{1\sigma(1)} \cdots a_{n\sigma(n)} e_1 \wedge \cdots \wedge e_n$$
$$= (\det A) e_1 \wedge \cdots \wedge e_n$$

となる．逆に，この式を行列式 $\det A$ の定義として使うこともできる．同様にして

$$x_1 \wedge \cdots \wedge x_r = \sum_{1 \leq i_1 < \cdots < i_r \leq n} \det \begin{pmatrix} a_{1i_1} & \cdots & a_{1i_r} \\ \vdots & & \vdots \\ a_{ri_r} & \cdots & a_{ri_r} \end{pmatrix} e_{i_1} \wedge \cdots \wedge e_{i_r}$$

となる．

注意 2.4.9 $\det \begin{pmatrix} a_{1i_1} & \cdots & a_{1i_r} \\ \vdots & & \vdots \\ a_{ri_r} & \cdots & a_{ri_r} \end{pmatrix}$ は，n 次元ベクトル空間の中の r 次元部分空間のなす**グラスマン多様体** (Grassmann manifold) の**プリュッカー座標** (Plücker coordinate) を与える．この座標は $\binom{n}{r} - 1$ 次元射影空間の点を定める．グラスマン多様体についての詳細は他書に譲る．

注意 2.4.10 $e_1, \cdots, e_n$ を M の基底とする．$T^r(M)$ 上の対称化作用素 $\mathcal{S}^{(r)}$ を用いれば，$S^r(M)$ は

$$\mathcal{S}^{(r)}(e_{i_1} \otimes \cdots \otimes e_{i_r}) \quad (1 \leq i_1 \leq \cdots \leq i_r \leq r)$$

を基底に持つ．とくに，

$$\dim S^r(M) -{}_n\Pi_r = \binom{n+r-1}{r}$$

となる．

$$S(M) = R \oplus M \oplus S^2(M) \oplus \cdots \oplus S^r(M) \oplus \cdots$$

とおく．和を加群としての和とし，積を $S^r(M) \ni x, S^t(M) \ni y$ に対し，

$$x \cdot y = \mathcal{S}^{(r+t)}(x \otimes y)$$

と定義する．これにより $S(M)$ は環となる．この環を M の**対称代数** (symmetric algebra) という．これは，R 上の結合多元環である．$S(M)$ の基底は

$$\mathcal{S}^{(r)}(e_{i_1} \otimes \cdots \otimes e_{i_r}) = e_{i_1} \cdot e_{i_2} \cdot \cdots \cdot e_{i_r}$$
$$(1 \leq i_1 \leq \cdots \leq i_r \leq n; \; r = 0, 1, \cdots)$$

で与えられる．したがって，n 変数多項式環との同型写像

$$S(M) \cong R[x_1, \cdots, x_n]$$
$$e_i \mapsto x_i$$

を得る．対称代数の剰余環としての表示は章末問題 (19) としてあげておく．

2.5 射影加群

R を 1 を持つ環（非可換でもよい）とする．また，R-加群は左 R-加群を意味するものとする．

定義 2.5.1 R-加群の完全系列

$$(*) \quad 0 \longrightarrow M_1 \xrightarrow{f} M_2 \xrightarrow{g} M_3 \longrightarrow 0$$

に対し，R-準同型写像 $\nu : M_3 \to M_2$ で $g \circ \nu = \mathrm{id}$ となるものが存在するとき，この完全系列は**分裂する** (split) という．ν を g の**切断** (section) という．

補題 2.5.2 次の 3 条件は同値である．
 (i) 完全系列 $(*)$ は分裂する．
 (ii) M_2 の R-部分加群 M_3' が存在して，$M_2 \cong f(M_1) \oplus M_3'$ となる．
 (iii) R-準同型写像 $\mu : M_2 \to M_1$ で $\mu \circ f = \mathrm{id}$ となるものが存在する．

証明 (i) $\Rightarrow$ (ii)：$\mathrm{Im}\,\nu = M_3'$ とすれば，$M_2 \cong f(M_1) \oplus M_3'$ を示すことは容易である．

 (ii) $\Rightarrow$ (i)：g が M_3' と M_3 の同型写像 φ を与えるから，$\nu = \varphi^{-1}$ とおけばよい．

 他も同様である（第 1 章の章末問題 (14) 参照）． ∎

補題 2.5.3 任意の R-加群 M に対して自由 R-加群 F と全射 R-準同型写像 $F \to M$ が存在する．

証明 M の生成元を $\{u_\alpha\}$ とする．存在することは，たとえば M の元全体をとればよい．$\{\bar{u}_\alpha\}$ を不定元として自由 R-加群

$$F = \oplus R\bar{u}_\alpha \ (\cong \oplus R)$$

をとる．ただし，直和は α 全体にわたる．R-準同型写像

$$\begin{array}{ccc} F = \oplus R\bar{u}_\alpha & \longrightarrow & M \\ \bar{u}_\alpha & \mapsto & u_\alpha \end{array}$$

が求める全射 R-準同型写像である． ■

定理 2.5.4 R-加群 P に対して次の 4 条件は同値である．
(i) 任意の R-加群の全射準同型写像 $\varphi : M \to N$ と任意の R-準同型写像 $f : P \to N$ に対し，R-準同型写像 $g : P \to M$ で $f = \varphi \circ g$ となるものが存在する．
(ii) 任意の R-加群の完全系列

$$0 \to M_1 \longrightarrow M_2 \longrightarrow M_3 \to 0$$

に対し

$$0 \to \mathrm{Hom}_R(P, M_1) \longrightarrow \mathrm{Hom}_R(P, M_2) \longrightarrow \mathrm{Hom}_R(P, M_3) \to 0$$

は完全系列である．
(iii) P はある自由 R-加群の直和因子である．
(iv) P を第 3 項とする R-加群の短完全系列は分裂する．

定義 2.5.5 定理 2.5.4 の条件を満たす R-加群 P を **射影 R-加群** (projective R-module) という．

【例 2.5.6】 自由 R-加群は射影的である．なぜならば，F を自由 R-加群とし，その基底を $\langle v_1, \cdots, v_n \rangle$ とする（∞ 次元でもよい）．$\varphi : M \to N$ を任意の全射 R-準同型写像，$f : F \to N$ を任意の R-準同型写像とする．$f(v_i)$ に対し $m_i \in M$ が存在して $\varphi(m_i) = f(v_i)$ となる．そこで，R-準同型写像 $g : F \to M$ を $v_i \mapsto m_i$ によって定義する．このとき $f = \varphi \circ g$ となる．

定理 2.5.4 の証明

(i) ⇔ (ii)：(ii) において

$$0 \to \mathrm{Hom}_R(P, M_1) \to \mathrm{Hom}_R(P, M_2) \to \mathrm{Hom}_R(P, M_3)$$

はつねに完全系列である．よって (ii) は (i) の言い換えにすぎない．

(ii) ⇒ (iv)：$0 \to M \to N \xrightarrow{\psi} P \to 0$ を完全系列とする．恒等写像 $\mathrm{id}: P \to P$ を考える．(i) を用いれば R-準同型写像 $g: P \to N$ で $\psi \circ g = \mathrm{id}$ となるものが存在する．これは完全系列が分裂することを意味する．

(iv) ⇒ (iii)：補題 2.5.3 より自由 R-加群 F が存在して

$$0 \to \mathrm{Ker}\,\varphi \longrightarrow F \xrightarrow{\varphi} P \to 0$$

は完全系列となる．(iv) より完全系列が分裂するから $F = P \oplus \mathrm{Ker}\,\varphi$ となる．

(iii) ⇒ (i)：自由 R-加群 F が存在して $F = P \oplus L$ となるとし，$pr_1 : F \to P$ を射影とする．

$$\begin{array}{ccc} M & \xrightarrow{\varphi} & N \longrightarrow 0 \\ & \nearrow f & \\ P & & \end{array}$$

があるとする．これは次のように延長できる：

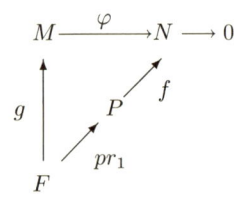

$$\begin{array}{ccc} M & \xrightarrow{\varphi} & N \longrightarrow 0 \\ g \uparrow & \nearrow P \nearrow f & \\ F & pr_1 & \end{array}$$

F は自由 R-加群だから射影的である．ゆえに $g: F \to M$ で $\varphi \circ g = f \circ pr_1$ となるものが存在する．

$$\begin{array}{ccc} \iota_1: & P & \longrightarrow & F = P \oplus L \\ & x & \mapsto & (x, 0) \end{array}$$

をとれば，$f \circ pr_1 \circ \iota_1 = \varphi \circ g \circ \iota_1$ が成り立つ．このとき，$g \circ \iota_1 : P \to M$ が求める R-準同型写像である． ∎

命題 2.5.7 環 R 上の射影加群 P は平坦である．

証明 P は射影加群だから，自由 R-加群 F とその部分加群 N があって $F = P \oplus N$ となる．

$$0 \to M_1 \longrightarrow M_2 \longrightarrow M_3 \to 0$$

を完全系列とする．F は自由加群だから平坦であり，

$$0 \to M_1 \otimes F \longrightarrow M_2 \otimes F \longrightarrow M_3 \otimes F \to 0$$

は完全系列となる．$M_i \otimes (P \oplus N) \cong (M_i \otimes P) \oplus (M_i \otimes N)$ だから

$$0 \to M_1 \otimes P \longrightarrow M_2 \otimes P \longrightarrow M_3 \otimes P \to 0$$

も完全系列となる．よって，射影加群 P は平坦である． ∎

Tor と Ext

ここで，射影 R-加群の利用法の例をあげよう．

定義 2.5.8 R-加群 M に対し，完全系列

$$\to X_n \to X_{n-1} \to \cdots \to X_1 \to X_0 \to M \to 0$$

で，X_n $(n = 0, 1, 2, \cdots)$ が射影 R-加群となるものを M の**射影的分解** (projective resolution) という．

補題 2.5.9 R-加群 M に対し，射影的分解が存在する．

証明 自由 R-加群 X_0 で

$$X_0 \xrightarrow{f_0} M \longrightarrow 0$$

が完全系列となるものが存在する．X_0 は自由 R-加群だから射影的である．
同様に $\mathrm{Ker}\, f_0$ に対して，自由 R-加群 X_1 で

$$X_1 \xrightarrow{g_1} \mathrm{Ker}\, f_0 \longrightarrow 0$$

が完全系列となるものが存在する．このとき，$i_0 : \mathrm{Ker}\, f_0 \to X_0$ を自然な埋め込みとし，図式

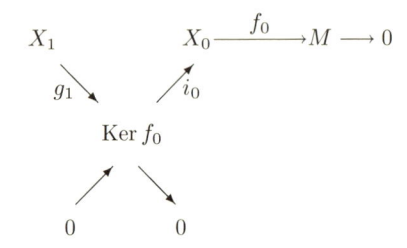

$$\begin{array}{ccccc}
X_1 & & X_0 & \xrightarrow{f_0} & M \longrightarrow 0 \\
& \searrow{g_1} & \nearrow{i_0} & & \\
& & \mathrm{Ker}\, f_0 & & \\
& \nearrow & \searrow & & \\
0 & & 0 & &
\end{array}$$

において，$f_1 = i_0 \circ g_1$ とおく．以下同様に繰り返せば求める射影的分解を得る．∎

注意 2.5.10 射影的分解は一意的ではない．

M を右 R-加群，N を左 R-加群とし，次のような N の射影的分解をとる．

$$\cdots \to X_2 \to X_1 \to X_0 \to N \to 0$$

N をはずして，$M \otimes_R$ を左から作用し，複体

$$M \otimes_R X. : \quad \to M \otimes_R X_n \to \cdots \to M \otimes_R X_1 \to M \otimes X_0 \to 0$$

をつくる．

定義 2.5.11 $\mathrm{Tor}_n^R(M, N) = \mathrm{H}_n(M \otimes_R X.)$ $(n = 0, 1, 2, \cdots)$ と定義し，**ねじれ積** (torsion product) という．

注意 2.5.12 $\mathrm{Tor}_n^R(M, N)$ は N の射影的分解のとり方によらず決まる．たとえば

$$\mathrm{Tor}_0^R(M, N) \cong M \otimes_R N$$

である．

M, N を R-加群とし，M の射影的分解

$$\cdots \to X_2 \to X_1 \to X_0 \to M \to 0$$

をとる．M を除いて，複体

$\mathrm{Hom}(X., N):\quad 0 \to \mathrm{Hom}_R(X_0, N) \to \mathrm{Hom}(X_1, N) \to \mathrm{Hom}(X_2, N) \to \cdots$

を考える．

定義 2.5.13　$\mathrm{Ext}_R^n(M, N) = \mathrm{H}^n(\mathrm{Hom}(X., N))$ と定義する．

注意 2.5.14　$\mathrm{Ext}_R^n(M, N)$ は M の射影的分解のとり方によらず決まる．たとえば

$$\mathrm{Ext}_R^0(M, N) \cong \mathrm{Hom}_R(M, N)$$

が成り立つ．$\mathrm{Ext}_R^n(M, N)$ は単射加群を用いた N の単射的分解を用いて定義することもでき，両者の定義は一致する（単射加群については章末問題 (26) 参照）．

$\mathrm{Tor}_n^R(M, N)$, $\mathrm{Ext}_R^n(M, N)$ は R-加群の性質を調べるのにしばしば用いられる．

章末問題

(1) m, n を互いに素な自然数とするとき，
$$\mathbf{Z}/m\mathbf{Z} \otimes_{\mathbf{Z}} \mathbf{Z}/n\mathbf{Z} = 0$$
を示せ．

(2) R を整域とし，K をその商体とする．K を R-加群とみれば，$K \otimes_R K \cong K$ となることを示せ．

(3) R を可換環，M を R-加群，$\mathfrak{a}$ を R のイデアルとする．このとき
$$M/\mathfrak{a}M \cong M \otimes_R (R/\mathfrak{a})$$
となることを示せ．

(4) R を可換環，M を R-加群とし，$S \subset R$ を積閉集合とする．M の**局所化** (localization) $S^{-1}M$ を
$$S^{-1}M = \{m/s \mid m \in M, s \in S\},$$
$$m/s = m'/s' \iff t(s'm - sm') = 0 \text{ を満たす } t \in S \text{ が存在する}$$
によって定義する．このとき，$S^{-1}M \cong M \otimes_R S^{-1}R$ を示せ．

(5) R を可換環，M を R-加群，$\mathfrak{p}$ を R の素イデアルとする．$S = R \setminus \mathfrak{p}$ とおき，局所化 $S^{-1}M$ を $M_\mathfrak{p}$ と書く．$M \ni x$ が R の任意の極大イデアル $\mathfrak{m}$ に対して $M_\mathfrak{m}$ で 0 になるならば，$x = 0$ であることを示せ．

(6) R を可換環，M を R-加群とする．$M_\mathfrak{p} \neq 0$ となる R の素イデアル $\mathfrak{p}$ の全体の集合を $\mathrm{Supp}(M)$ と書き，M の**サポート** (support) という．M が有限生成のとき，$\mathrm{Supp}(M)$ は $\mathrm{Ann}(M)$ を含む素イデアルの集合と一致することを示せ．

(7) R を可換環，$S \subset R$ を積閉集合とする．
$$0 \longrightarrow M_1 \longrightarrow M_2 \longrightarrow M_3 \longrightarrow 0$$
を R-加群の完全系列とすれば
$$0 \longrightarrow M_1 \otimes_R S^{-1}R \longrightarrow M_2 \otimes_R S^{-1}R \longrightarrow M_3 \otimes_R S^{-1}R \longrightarrow 0$$
も完全系列になることを示せ．

(8) R を可換環とする. $0 \longrightarrow M_1 \longrightarrow M_2 \longrightarrow M_3 \longrightarrow 0$ を R-加群の完全系列とすれば,
$$\mathrm{Supp}(M_2) = \mathrm{Supp}(M_1) \cup \mathrm{Supp}(M_3)$$
となることを示せ.

(9) R を可換環, M, N を R-加群, $S \subset R$ を積閉集合とする. このとき,
$$S^{-1}M \otimes_{S^{-1}R} S^{-1}N \cong S^{-1}(M \otimes_R N)$$
となることを示せ.

(10) R を可換環とする. M, N が有限生成 R-加群のとき,
$$\mathrm{Supp}(M \otimes_R N) = \mathrm{Supp}(M) \cap \mathrm{Supp}(N)$$
となることを示せ.

(11) R を可換環, M を R-加群, $S \subset R$ を積閉集合とする. L, N を M の部分加群とするとき, $S^{-1}(L+N) = S^{-1}L + S^{-1}N$, $S^{-1}(L \cap N) = S^{-1}L \cap S^{-1}N$ となることを示せ.

(12) R を可換環とする. R 上の加群の準同型写像 $f : M \longrightarrow N$ が同型写像であるための必要十分条件は, 任意の極大イデアル $\mathfrak{m}$ に対し f の引き起こす準同型写像 $f_\mathfrak{m} : M_\mathfrak{m} \longrightarrow N_\mathfrak{m}$ が同型写像になることである. このことを示せ.

(13) R を可換環, M, N, L を R-加群とし, L は R 上平坦であるとする. 自然な R-準同型写像
$$\varphi_M : \mathrm{Hom}_R(M, N) \otimes_R L \longrightarrow \mathrm{Hom}_R(M, N \otimes_R L)$$
を $\varphi_M(f \otimes x)(y) = f(y) \otimes x$ $(f \in \mathrm{Hom}_R(M, N), x \in L, y \in M)$ によって定義する. このとき次を示せ.

(i) M が有限生成であるならば, φ_M は単射準同型写像である.

(ii) M が有限表示を持つならば, φ_M は同型写像である.

(14) R を可換環, M を R-加群, $S \subset R$ を積閉集合とする. M が有限表示を持てば
$$S^{-1}(\mathrm{Hom}_R(M, N)) \cong \mathrm{Hom}_{S^{-1}R}(S^{-1}M, S^{-1}N)$$
となることを示せ.

(15) n を自然数とし, k を体とする. k の元を成分とする m 次正方行列 A と n 次正方行列 B を考える. このとき, クロネッカー積 $A \otimes B$ に対し,
$$\mathrm{Tr}(A \otimes B) = (\mathrm{Tr}\, A)(\mathrm{Tr}\, B), \quad \det(A \otimes B) = (\det A)^n (\det B)^m$$

となることを示せ.

(16) n を自然数とし, k を体とする. k の元を成分とする m 次正方行列 A, A_1, A_2 と n 次正方行列 B, B_1, B_2 を考える. クロネッカー積に関する次の性質を示せ.

   (i) $A_1 A_2 \otimes B_1 B_2 = (A_1 \otimes B_1)(A_2 \otimes B_2)$.

   (ii) A, B が正則であるとき, $(A \otimes B)^{-1} = A^{-1} \otimes B^{-1}$.

   (iii) $A \otimes (B_1 + B_2) = A \otimes B_1 + A \otimes B_2$.

   (iv) P を正則行列, E を単位行列とするとき, $P \otimes E$ は正則で,

$$(PAP^{-1}) \otimes B = (P \otimes E)(A \otimes B)(P \otimes E)^{-1}.$$

(17) k を標数 0 の体, M を k 上のベクトル空間とする. 交代作用素 $\mathcal{A}^{(r)}$ の和を $\mathcal{A} = \sum_{r=0}^{\infty} \mathcal{A}^{(r)}$ とおく. ただし, $\mathcal{A}^{(0)} = \mathrm{id}$ とおく.

$$\mathcal{A} : T(M) \longrightarrow \Lambda(M)$$

は環の全射準同型写像になることを示せ.

(18) k を体, M を k 上の 4 次元ベクトル空間とし, $\langle e_1, e_2, e_3, e_4 \rangle$ をその基底とする. 2 次元部分空間 W の基底を $\langle x_1, x_2 \rangle$ とし

$$x_1 \wedge x_2 = \sum \zeta_{ij} e_i \wedge e_j$$

とするとプリュッカー座標 ζ_{ij} は関係式

$$\zeta_{12}\zeta_{34} - \zeta_{13}\zeta_{24} + \zeta_{14}\zeta_{23} = 0$$

を満たすことを示せ. 逆に, 座標 $(\zeta_{ij}) \in k^6$, $(\zeta_{ij}) \neq \mathbf{0}$ がこの 2 次式を満たせば, これは M のある 2 次元部分空間のプリュッカー座標になることを示せ.

(19) k を標数 0 の体, M を k 上のベクトル空間とする. テンソル代数 $T(M)$ において $x \otimes y - y \otimes x$ $(x, y \in M)$ 全体の生成するイデアルを I とする. 剰余環 $T(M)/I$ は対称代数 $S(M)$ に同型であることを示せ.

(20) 環 R 上の加群 M が平坦であるための必要十分条件は, R の任意のイデアル I と自然な入射 $I \to R$ に対して, $0 \to I \otimes_R M \to R \otimes_R M$ が完全系列になることである. このことを示せ.

(21) R を可換環, M を R-加群とする. M が R 上平坦であるための必要十分条件は次の条件 $(*)$ が成り立つことである. このことを示せ.

   $(*)$ $a_i \in R$, $x_i \in M$ $(i = 1, \cdots, n)$ が $\sum_{i=1}^n a_i x_i = 0$ を満たすならば, ある自然数 s と $b_{ij} \in R$, $y_j \in M$ $(j = 1, \cdots, s)$ が存在して, $1 \leq j \leq s$ なる任意の j に対

し $\sum_{i=1}^{n} a_i b_{ij} = 0$，かつ $1 \leq i \leq n$ なる任意の i に対し $x_i = \sum_{j=1}^{s} b_{ij} y_j$ となる．

(22) R を可換な局所環（極大イデアルがただ1つである環），P を有限生成 R-加群とする．このとき，(i) P は自由 R-加群，(ii) P は射影 R-加群，(iii) P は平坦 R-加群，の3条件は同値であることを示せ．

(23) R を可換環とし，R-加群 M が有限表示を持つとする．このとき，M が射影的であることと平坦であることは同値であることを示せ．

(24) R を可換環とする．R 上の加群 M が有限生成射影加群であるための必要十分条件は，M が有限表示を持ち，任意の極大イデアル $\mathfrak{m}$ に対し $M_\mathfrak{m}$ が自由加群になることである．このことを示せ．

(25) R を単項イデアル整域，M を R-加群とする．このとき，M が R 上平坦であることと M にねじれがないことは同値であることを示せ．

(26) (**単射 (injective) R-加群**) R-加群 I に対して次の4つの性質は互いに同値であることを示せ．

(i) 任意の単射 $f: M \to L$ および任意の R-準同型写像 $g: M \to I$ が与えられたとき，ある R-準同型写像 $h: L \to I$ で $g = h \circ f$ なるものが存在する．

(ii) R-加群の完全系列

$$0 \to M_1 \xrightarrow{f} M_2 \xrightarrow{g} M_3 \to 0$$

に対し，

$$0 \to \mathrm{Hom}_R(M_3, I) \xrightarrow{g_I} \mathrm{Hom}_R(M_2, I) \xrightarrow{f_I} \mathrm{Hom}_R(M_1, I) \to 0$$

は完全系列になる．

(iii) $f: I \to M$ が単射なら，ある R-加群 M_1 が存在して $M \cong I \oplus M_1$ となる．

(iv) I を第1項として含む R-加群の任意の完全系列

$$0 \to I \longrightarrow M_2 \longrightarrow M_3 \to 0$$

は分裂する．

(27) R を整域とする．R-加群 M が**可除 (divisible) R-加群**であるとは，任意の $a \in R, a \neq 0$ に対し，$aM = M$ となることである．R を整域とするとき，単射 R-加群 M は可除 R-加群であることを示せ．

(28) R を単項イデアル整域とすれば，R-加群 M が単射 R-加群であることと可除 R-加群であることとは同値であることを示せ．

(29) **Q**/**Z** は **Z**-加群として単射的であることを示せ.

(30) R を可換環とする. R-加群 M に対し

$$\hat{M} = \mathrm{Hom}_{\mathbf{Z}}(M, \mathbf{Q}/\mathbf{Z})$$

とおき, $f \in \hat{M}, \alpha \in R$ に対し,

$$(\alpha f)(x) = f(\alpha x)$$

と定義する. このとき, $\hat{M}$ も R-加群になることを示せ.

(31) 問題 (30) の記号を用いる. $x \in M$ に対し, $F_x \in \hat{\hat{M}}$ を $F_x(f) = f(x)$ $(f \in \hat{M})$ と定義する. このとき,

$$\begin{array}{cccc} \Psi: & M & \longrightarrow & \hat{\hat{M}} \\ & x & \mapsto & F_x \end{array}$$

は単射準同型写像になることを示せ.

(32) 問題 (30) の記号を用いる. M が射影 R-加群であれば, $\hat{M}$ は単射 R-加群になることを示せ.

(33) 問題 (30) の記号を用いる. 任意の環 R に対して, R を R-加群とみるとき, $\hat{R}$ は単射 R-加群であることを示せ.

(34) 問題 (30) の記号を用いる. F を自由 R-加群とする. このとき, $\hat{F}$ は単射 R-加群であることを示せ.

(35) R を可換環とする. R-加群 M はある単射 R-加群 Q への単射準同型写像 $\iota: M \longrightarrow Q$ を持つことを示せ.

第3章 有限群の表現論

3.1 群の表現

k を体,G を群とする.G の元を基底とする k 上のベクトル空間

$$k[G] = \{\sum a_\sigma \sigma \mid \sigma \in G, a_\sigma \in k\}$$

を考える.ここに,$\sum a_\sigma \sigma$ は形式的な有限和である.G の元の群としての積を分配法則によって自然に延長することで $k[G]$ に積の構造を入れる.このようにして得られる結合多元環を k 上の**群環** (group ring) という.

【例 3.1.1】 n を自然数とし,k を体とする.$G = \langle \sigma \rangle$ を σ によって生成される位数 n の巡回群とする.G の単位元を e と書く.このとき,群環 $k[G]$ の和は,

$$(a_0 e + a_1 \sigma + \cdots + a_{n-1}\sigma^{n-1}) + (b_0 e + b_1 \sigma + \cdots + b_{n-1}\sigma^{n-1})$$
$$= (a_0 + b_0)e + (a_1 + b_1)\sigma + \cdots + (a_{n-1} + b_{n-1})\sigma^{n-1}$$
$$(a_0, a_1, \cdots, a_{n-1}, b_0, b_1, \cdots, b_{n-1} \in k)$$

によって,積は

$$(a\sigma^\ell) \cdot (b\sigma^m) = (ab)\sigma^{\ell+m}$$

を分配法則で延長することによって定義される.

V を k 上の有限次元ベクトル空間とし,$\dim V = n$ とおく.

$$GL(V) = \{k \text{ 上の線形写像 } \varphi : V \to V \mid \det \varphi \neq 0\}$$

は写像の合成によって群となる.線形写像の行列表示の理論でよく知られて

いるように，V の基底を 1 つ与えれば，群の同型写像

$$GL(V) \cong GL(n,k)$$

を得る．

定義 3.1.2 $\varphi : G \to GL(V)$ を群の準同型写像とする．φ を G の V における**線形表現** (linear representation) といい，V の次元 $\dim V$ を表現 φ の**次数** (degree) という．

以下，本書においては，表現といえば有限次元の線形表現を意味するものとする．

定義 3.1.3 1 次の表現 $\varphi : G \to GL(1,k) \cong k^*$ で任意の $a \in G$ に対し $\varphi(a) = 1$ となるものを**単位表現**という．

表現 $\varphi : G \to GL(V)$ が与えられているとき，$k[G]$ の V への作用が

$$\left(\sum a_\sigma \sigma\right) v = \sum a_\sigma (\varphi(\sigma) v) \quad (v \in V)$$

によって定義され，これにより V は $k[G]$-加群となる．逆に，V が $k[G]$-加群なら $G \subset k[G]$ を用いて表現 $\varphi : G \to GL(V)$ を得る．したがって，表現 $\varphi : G \to GL(V)$ を与えることと $k[G]$-加群 V の構造を与えることは同値である．つまり，有限群 G の k 上の表現論は，$k[G]$-加群の理論と同等である．

定義 3.1.4 V, U を k 上のベクトル空間，$\varphi : G \to GL(V), \psi : G \to GL(U)$ を G の 2 つの表現とする．ベクトル空間としての同型写像 $f : V \to U$ が存在して，

$$f \circ \varphi(g) = \psi(g) \circ f \quad (g \in G)$$

となるとき，φ, ψ は**同値** (equivalent) であるといい，$\varphi \sim \psi$ と書く．

これは同値関係である．

注意 3.1.5 表現 φ によって与えられる $k[G]$-加群 V と表現 ψ によって与えられ

る $k[G]$-加群 U を考える．このとき，φ と ψ が同値である必要十分条件は，V, U が $k[G]$-加群として同型となることである．

次の例は，表現を決定するうえで重要な表現の例である．

【例 3.1.6】 G を有限群とし，位数を $|G| = n$ とおく．$G = \{a_1, \cdots, a_n\}$ とする．$a_1, \cdots, a_n$ を基底とする k 上のベクトル空間

$$V = ka_1 + \cdots + ka_n$$

を考える．これは，群環 $k[G]$ を k 上のベクトル空間とみたものである．$G \ni a$ の V への作用を，G の演算を用いて

$$a_i \mapsto aa_i$$

と定義する．これにより表現 $\varphi: G \to GL(V)$ を得る．この表現を G の**左正則表現** (left regular representation) という．$k[G]$-加群としては，$k[G]$ を左 $k[G]$-加群とみたものにほかならない．

基底 $\langle a_1, \cdots, a_n \rangle$ に関する表現行列は

$$\varphi(a)\langle a_1, \cdots, a_n \rangle = \langle aa_1, \cdots, aa_n \rangle$$
$$= \langle a_1, \cdots, a_n \rangle (\alpha_{ij})$$

で与えられる．ただし，

$$\alpha_{ij} = \begin{cases} 1 & (a_i = aa_j) \\ 0 & (a_i \neq aa_j) \end{cases}$$

である．とくに $a \neq e$ ならば対角成分はすべて 0 である．したがって，トレースは

$$\mathrm{Tr}\,\varphi(a) = \begin{cases} 0 & (a \neq e) \\ n & (a = e) \end{cases}$$

となる．

$G \ni a$ に対し V への作用を

$$a_i \mapsto a_i a^{-1}$$

と定義することもできる．このように定義してできる表現 $\psi: G \to GL(V)$ を G の**右正則表現** (right regular representation) という．

定義 3.1.7 V, U を k 上のベクトル空間,$\varphi : G \to GL(V), \psi : G \to GL(U)$ を G の 2 つの表現とする.$V \oplus U$ における表現

$$\varphi \oplus \psi : G \longrightarrow GL(V \oplus U)$$

で

$$(\varphi \oplus \psi)(g)(v + u) = \varphi(g)(v) \oplus \psi(g)(u) \quad (v \in V, u \in U)$$

によって定義される表現を,表現の和 (sum) あるいは直和という.

注意 3.1.8 表現の和 $\varphi \oplus \psi$ は $k[G]$-加群の直和 $V \oplus U$ に対応する.

定義 3.1.9 表現 $\varphi : G \to GL(V)$ に対し,$V \supset W$ (ベクトル空間としての) 部分空間で

$$\varphi(g)W \subset W \quad (g \in G)$$

となるとき,W は G-不変 (G-invariant) であるという.このとき,W を V の G-不変部分空間 (G-invariant subspace) という.

補題 3.1.10 任意の $g \in G$ に対し $\varphi(g)W \subset W$ ならば,任意の $g \in G$ に対し $\varphi(g)W = W$ となる.

証明 任意の $g \in G$ に対し,$\varphi(g)W \subset W$ かつ $\varphi(g^{-1})(W) \subset W$ である.ゆえに

$$\varphi(g)\varphi(g^{-1})W \subset \varphi(g)W$$

となるが,$\varphi(g)\varphi(g^{-1})W = \varphi(gg^{-1})W = W$ だから $\varphi(g)W = W$ を得る.∎

注意 3.1.11 W を V の G-不変部分空間とすれば,W は V の $k[G]$-部分加群となる.

【例 3.1.12】 $\varphi : G \to GL(V)$ を表現とする.$V \supset W = \{O\}$ を自明な (trivial) G-不変部分空間という.

【例 3.1.13】 k を標数 0 の体とし，$G = S_n$ を n 次対称群，V を体 k 上の n 次元ベクトル空間，$v_1, \cdots, v_n$ を V の基底とする．$S_n \ni \sigma$ は

$$v_i \mapsto v_{\sigma(i)}$$

によって V の k-線形写像を引き起こす．これによって，表現

$$\varphi : G \to GL(V)$$

を得，$\operatorname{Ker} \varphi = \{(1)\}$ となる．

基底 $\langle v_1, \cdots, v_n \rangle$ に関する $\varphi(\sigma)$ の行列表示は $(\sigma(i), i)$ 成分 $(i = 1, \cdots, n)$ がすべて 1，その他の成分がすべて 0 であるような行列で与えられる．各行各列に 1 つだけ 1，他は 0 である．このとき

$$W_1 = k(v_1 + \cdots + v_n)$$

は G-不変である．

$$W_{n-1} = \{a_1 v_1 + \cdots + a_n v_n \mid a_i \in k, a_1 + \cdots + a_n = 0\}$$

も G-不変であり，容易に示せるように（第 1 章の章末問題 (12) 参照）

$$V = W_1 \oplus W_{n-1}$$

となる．したがって，表現の分解を得る．この分解は $k[S_n]$-加群としての直和分解でもある．

定義 3.1.14 表現 $\varphi : G \to GL(V)$ は，V と $\{0\}$ 以外に G-不変部分空間を持たないとき，**既約** (irreducible) であるという．そうでないとき，φ は**可約** (reducible) であるという．

定義 3.1.15 R-加群 M は M と $\{0\}$ 以外に R-部分加群を持たないとき，**既約** (irreducible) であるという．そうでないとき，M は**可約** (reducible) であるという．

注意 3.1.16 表現 $\varphi : G \to GL(V)$ が既約であるための必要十分条件は，対応する $k[G]$-加群 V が既約であることである．

3.2 完全可約

定義 3.2.1　$V \supset W$ を G-不変部分空間とする．W に対し G-不変部分空間 W' が存在して
$$V = W \oplus W'$$
となるとき，W' を W の **G-不変補空間** (G-invariant complement) という．

【例 3.2.2】　一般には G-不変補空間は存在するとは限らない．たとえば加法群 $G = \mathbf{C}$ を考える．準同型写像
$$\begin{array}{rccc} \varphi: & G & \longrightarrow & GL(2, \mathbf{C}) \\ & \lambda & \mapsto & \begin{pmatrix} 1 & \lambda \\ 0 & 1 \end{pmatrix} \end{array}$$
をとる．この準同型写像は
$$\begin{array}{rccc} \varphi(\lambda): & \mathbf{C}^2 & \longrightarrow & \mathbf{C}^2 \\ & \begin{pmatrix} x \\ y \end{pmatrix} & \mapsto & \begin{pmatrix} 1 & \lambda \\ 0 & 1 \end{pmatrix} \begin{pmatrix} x \\ y \end{pmatrix} \end{array}$$
なる表現を与える．$\mathbf{C}^2$ の部分空間
$$W = \left\{ \begin{pmatrix} x \\ 0 \end{pmatrix} \;\middle|\; x \in \mathbf{C} \right\}$$
は G-不変である．これ以外に自明でない G-不変部分空間は存在しないから，W の G-不変補空間は存在しない．

【例 3.2.3】　$G = S_n$ (n 次対称群）とする．先の例 3.1.13 において，W_1 に対し W_{n-1} は G-不変補空間である．

定義 3.2.4　$\varphi : G \to GL(V)$ を群の表現とする．任意の G-不変部分空間に対しその G-不変補空間が存在するとき，φ は **完全可約** (completely reducible) であるという．

以下示すように，有限群 G の標数 0 の体上の表現を考えれば，G-不変補空間は必ず存在し，したがって完全可約であるが（次節のマシュケの定理を参照），正標数の体上の表現は事情が異なっている．

【例 3.2.5】 p を素数，k を標数 $p > 0$ の体とする．有限群 $G = \mathbf{Z}/p\mathbf{Z}$ を考える．表現

$$\begin{array}{rcl} G & \longrightarrow & GL(2,k) \\ 1 & \mapsto & \begin{pmatrix} 1 & 1 \\ 0 & 1 \end{pmatrix} \end{array}$$

は完全可約でない（第 1 章の章末問題 (13) 参照）．

$\varphi : G \to GL(V)$ を表現，$V \supset W$ を G-不変部分空間とする．このとき，$g \in G$ は $\varphi_W(g) : W \to W$ なる線形写像を引き起こす．このように φ を W に制限して得られる表現 $\varphi_W : G \to GL(W)$ を**部分表現** (subrepresentation) という．$V \supset W$ を G-不変部分空間，$g \in G$ とするとき，準同型写像

$$\begin{array}{rcl} \varphi_{V/W}(g) : \quad V/W & \longrightarrow & V/W \\ x + W & \mapsto & \varphi(g)(x) + W \end{array}$$

が定義できる．このようにして得られる表現

$$\varphi_{V/W} : G \longrightarrow GL(V/W)$$

を**剰余表現**または**商表現** (quotient representation) という．

注意 3.2.6 部分表現 φ_W は $k[G]$-部分加群 W に対応し，剰余表現 $\varphi_{V/W}$ は剰余 $k[G]$-加群 V/W に対応する．

注意 3.2.7 $V \supset W$ を G-不変部分空間，W' を W の G-不変補空間とすれば，$V \cong W \oplus W'$ となる．このとき，$\varphi_{V/W}$ は $\varphi_{W'}$ と同値になる．このことは，$V/W \ni \bar{x}$ に対し，$\bar{x}$ の代表元として W' の元が一意的に選べることから容易に示すことができる．

3.3 シューアの補題とマシュケの定理

命題 3.3.1 R を環,M, N を既約左 R-加群とする.$f: M \to N$ を $f \neq 0$ なる R-準同型写像とすれば,f は R-同型写像である.

証明 $\text{Im} f$ は 0 でない N の左 R-部分加群であるから $\text{Im} f = N$ でなければならない.よって,f は全射である.$\text{Ker} f$ は M に等しくない左 R-部分加群で,$f \neq 0$ であるから,$\text{Ker} f = 0$ となる.ゆえに,f は単射である.したがって,f は R-同型写像である.∎

この命題 3.3.1 を表現の言葉で言い換えて次の補題を得る.

補題 3.3.2(シューアの補題) φ, ψ をそれぞれ線形空間 U, V における群 G の2つの既約表現とする.線形写像 P が存在して任意の $a \in G$ に対し,

$$\varphi(a)P = P\psi(a)$$

を満たせば,$P = 0$ であるか,φ, ψ の次数が等しく P は同型写像となる.

定理 3.3.3 k を代数的閉体とし,φ を k 上の線形空間 U における G の既約表現とする.任意の $a \in G$ に対し $\varphi(a)$ と可換な線形写像は $\lambda \, \text{id} \, (\lambda \in k)$ の形となる.

証明 基底を選ぶことにより φ は行列で表示されているとしてよい.任意の $a \in G$ に対して $P\varphi(a) = \varphi(a)P$ とする.P の固有値の1つを λ とする.単位行列を E とすれば,$|P - \lambda E| = 0$ より $P - \lambda E$ は正則でない.また,$(P - \lambda E)\varphi(a) = \varphi(a)(P - \lambda E)$ が任意の $a \in G$ に対して成り立つから,シューアの補題より $P - \lambda E = 0$ を得る(代数的閉体については詳しくは『代数学 III 体とガロア理論』(参考文献 [4]) 参照.たとえば,複素数体 $\mathbf{C}$ は代数的閉体である).∎

定理 3.3.4　アーベル群 G の代数的閉体 k 上の既約表現 φ は 1 次である．

証明　φ を体 k 上の G の既約表現とする．任意の $a \in G$ をとる．G はアーベル群ゆえ，任意の $x \in G$ に対し

$$\varphi(a)\varphi(x) = \varphi(x)\varphi(a)$$

を得る．よって，先の定理 3.3.3 から $\lambda(a) \in k$ が存在して，$\varphi(a) = \lambda(a)\mathrm{id}$ となる．よって，もし次数が 1 以上なら φ は可約となる．∎

命題 3.3.5　G を位数 g の有限群，k を標数が g と互いに素な体とすれば，任意の左 $k[G]$-加群は完全可約である．

証明　M を左 $k[G]$-加群，N をその左 $k[G]$-部分加群とする．

$$(*) \qquad 0 \to N \longrightarrow M \xrightarrow{\varphi} M/N \to 0$$

なる完全系列を考える．M, M/N は k-加群でもあり，φ は k-線形写像でもある．k は体ゆえ M/N は自由 k-加群であるから k-線形写像 $\psi : M/N \to M$ で

$$\varphi \circ \psi = \mathrm{id}_{M/N}$$

となるものが存在する．

$$\psi'(y) = g^{-1} \sum_{\sigma \in G} \sigma \psi(\sigma^{-1} y) \quad (y \in M/N)$$

とおく．ψ' は $k[G]$-準同型写像である．

$$\varphi \circ \psi'(y) = g^{-1} \sum_{\sigma \in G} \sigma \varphi \circ \psi(\sigma^{-1} y) = g^{-1} \sum_{\sigma \in G} y = y$$

となるから，完全系列 $(*)$ は分裂する．したがって，M の左 $k[G]$-加群 N' が存在して，$M = N \oplus N'$ ($N' \cong M/N$) となる．∎

この定理を表現の言葉で述べれば次のようになる．

定理 3.3.6（マシュケの定理） G を位数 g の有限群，k を標数が g と互いに素な体とすれば，G の k 上の線形表現は完全可約である．とくに標数 0 の体上の線形表現は完全可約である．

定義 3.3.7 環 R について，すべての左 R-加群が完全可約であるとき，R を（アルティン的）**半単純環** (semi-simple ring) という．

注意 3.3.8 G を位数 g の有限群，k を標数が g と互いに素な体とすれば，マシュケの定理によって，群環 $k[G]$ は半単純環になる．半単純環の構造については，後述する（4.3 節のウェッダーバーンの構造定理を参照）．

3.4 指標

本節では有限群 G の $\mathbf{C}$ 上の線形表現を調べる．本節において，表現といえば線形表現を意味するものとする．また，表現は基底を適当に選ぶことにより，行列表示されているものとする．

定義 3.4.1 φ を G の線形表現とする．

$$\chi(a) = \mathrm{Tr}\,\varphi(a) \quad (a \in G)$$

を表現 φ の**指標** (character) という．

注意 3.4.2 指標 χ は $\chi : G \to \mathbf{C}$ なる関数である．また，同値な表現の指標は一致する．これは，P を正則行列とするとき，$\mathrm{Tr}(P\varphi(a)P^{-1}) = \mathrm{Tr}\,\varphi(a)$ からしたがう．

定義 3.4.3 既約表現の指標を**既約指標** (irreducible character) といい，単位表現の指標を**単位指標** (principal character) という．また，表現空間の次元を指標の**次数** (degree) という．

定義 3.4.4　G 上の関数 χ が，G において共役な元に対して同じ値をとるとき，χ を**類関数** (class function) という．

補題 3.4.5　指標は類関数である．

証明　この補題は
$$\chi(axa^{-1}) = \mathrm{Tr}\,\varphi(axa^{-1}) = \mathrm{Tr}(\varphi(a)\varphi(x)\varphi(a)^{-1})$$
$$= \mathrm{Tr}\,\varphi(x) = \chi(x)$$
からしたがう．　∎

命題 3.4.6　G を有限群，$D(G)$ をその交換子群，$\pi: G \to G/D(G)$ を標準的準同型写像とする．G の 1 次の指標は，可換群 $G/D(G)$ の既約指標 χ_0 と π の合成写像 $\chi_0 \circ \pi$ として与えられる．

証明　$\chi: G \to k^*$ を 1 次の指標とする．このとき，χ は群の準同型写像となる (1 次の指標の特殊性)．k^* は可換群だから $G/\mathrm{Ker}\,\chi$ は可換群．よって，$\mathrm{Ker}\,\chi \supset D(G)$．よって χ は準同型写像 χ_0 を引き起こし，$\chi = \chi_0 \circ \pi$ となる．χ_0 は可換群 $G/D(G)$ の既約指標である．　∎

補題 3.4.7　有限群 G の $\mathbf{C}$ 上の線形表現に対し，
$$\chi(a^{-1}) = \overline{\chi(a)}$$
が成り立つ．

証明　a の位数を r とすれば $a^r = e$ である．$\varphi(a)$ のジョルダン標準形を考えれば，$\varphi(a)^r = E$ より $\varphi(a)$ は対角化可能である．したがって，正則行列 P と複素数 $\varepsilon_i\,(i=1,2,\cdots,n)$ が存在して，

$$P^{-1}\varphi(a)P = \begin{pmatrix} \varepsilon_1 & & 0 \\ & \ddots & \\ 0 & & \varepsilon_n \end{pmatrix}$$

となる．ゆえに $\varepsilon_i^r = 1$ だから $\varepsilon_i \overline{\varepsilon_i} = 1$ となる．ゆえに，$\varepsilon_i^{-1} = \overline{\varepsilon_i}$ を得る．したがって

$$P^{-1}\varphi(a^{-1})P = \begin{pmatrix} \varepsilon_1^{-1} & & 0 \\ & \ddots & \\ 0 & & \varepsilon_n^{-1} \end{pmatrix} = \begin{pmatrix} \overline{\varepsilon_1} & & 0 \\ & \ddots & \\ 0 & & \overline{\varepsilon_n} \end{pmatrix}$$

から $\chi(a^{-1}) = \overline{\chi(a)}$ を得る． ∎

定義 3.4.8 有限群 G に対し，位数を $|G| = g$ とおく．G 上の複素数値関数 φ, ψ に対し，内積を

$$(\varphi, \psi)_G = \frac{1}{g} \sum_{a \in G} \varphi(a)\psi(a^{-1})$$

と定義する．状況が明らかなときは，$(\varphi, \psi)_G$ をたんに (φ, ψ) と書く．

補題 3.4.9（内積の性質） 次が成り立つ．
(i) $(\varphi, \psi) = (\psi, \varphi)$.
(ii) $(\varphi_1 + \varphi_2, \psi) = (\varphi_1, \psi) + (\varphi_2, \psi)$.
(iii) $(\varphi, \psi_1 + \psi_2) = (\varphi, \psi_1) + (\varphi, \psi_2)$.
(iv) $(\lambda\varphi, \psi) = (\varphi, \lambda\psi) = \lambda(\varphi, \psi)$.

証明 (i) 以外は明らかである．

$$\begin{aligned}
(\varphi, \psi) &= \frac{1}{g} \sum_{a \in G} \varphi(a)\psi(a^{-1}) \\
&= \frac{1}{g} \sum_{a^{-1} \in G} \varphi(a)\psi(a^{-1}) \\
&= \frac{1}{g} \sum_{a \in G} \varphi(a^{-1})\psi(a) \\
&= (\psi, \varphi).
\end{aligned}$$

∎

定義 3.4.10 $(\varphi, \psi) = 0$ のとき，φ と ψ は**直交する** (orthogonal) という．

定理 3.4.11 G を有限群とし，$|G| = g$ とおく．$\varphi : a \mapsto \varphi(a) = (\alpha_{ij}(a))$ を n 次既約表現とする．このとき，次が成り立つ．

(i) $(\alpha_{i\mu}, \alpha_{\nu j}) = \delta_{ij}\delta_{\mu\nu}/n.$

(ii) $\psi : a \mapsto \psi(a) = (\beta_{ij}(a))$ を φ と同値ではない m 次既約表現とすれば

$$(\alpha_{i\mu}, \beta_{\nu j}) = 0.$$

証明 まず，φ, ψ を G の任意の既約指標とし，$A = (a_{ij})$ を任意の (m, n) 型行列とする．

$$P = \sum_{x \in G} \varphi(x) A \psi(x^{-1})$$

とおく．このとき，

$$\varphi(a)P = P\varphi(a)$$

が任意の $a \in G$ に対して成り立つことを示そう．

$\varphi(a)P = \sum_{x \in G} \varphi(ax) A \psi(x^{-1})$ において $y = ax$ とおく．x が G 全体にわたれば，y も G 全体にわたる．$x^{-1} = y^{-1}a$ だから

$$\varphi(a)P = \sum_{y \in G} \varphi(y) A \psi(y^{-1}a) = P\psi(a)$$

を得る．シューアの補題から，φ, ψ が同値でないなら $P = 0$ を得る．A は任意だったから，$a_{\mu\nu} = 1$，他は 0 ととれば

$$\sum_{x \in G} \alpha_{i\mu}(x) \beta_{\nu j}(x^{-1}) = 0$$

が成り立つ．よって (ii) が示せた．$\varphi = \psi$ とすれば，定理 3.3.3 から

$$P = \lambda E \quad (\lambda \in \mathbf{C})$$

となる．両辺のトレースをとって $g \operatorname{Tr} A = n\lambda$ だから，$\lambda = \frac{g}{n} \operatorname{Tr} A$ を得る．A は任意だったから，$a_{\mu\nu} = 1$，他は 0 ととれば

$$\sum_{x \in G} \alpha_{i\mu}(x) \alpha_{\nu j}(x^{-1}) = \delta_{ij}\delta_{\mu\nu}\frac{g}{n}$$

となる．よって (i) が示せた．

定理 3.4.12（指標の第 1 直交関係） G を有限群とし，$|G| = g$ とおく．このとき次が成り立つ．

(i) χ を G の既約指標とすれば

$$(\chi, \chi) = 1$$

が成り立つ．

(ii) χ, χ' を G の同値ではない 2 つの既約表現の指標とすれば

$$(\chi, \chi') = 0$$

が成り立つ．

証明 定理 3.4.11 において $\mu = i, \nu = j$ とおいて，すべての i, j について和をとればよい． ∎

注意 3.4.13 $\chi_1, \chi_2, \cdots$ を有限群の互いに同値ではない既約表現の指標とする．このとき，定理 3.4.12 より

$$(\chi_i, \chi_j) = \delta_{ij}$$

が成立する．

φ を有限群 G の表現とすれば，完全可約性から既約表現 φ_i を用いて

$$\varphi \sim \begin{pmatrix} \varphi_1 & & & & & & & \text{\huge 0} \\ & \ddots & & & & & & \\ & & \varphi_1 & & & & & \\ & & & \varphi_2 & & & & \\ & & & & \ddots & & & \\ & & & & & \varphi_2 & & \\ \text{\huge 0} & & & & & & & \ddots \end{pmatrix}$$

と表わせる．既約表現 φ_i が m_i 回現れるとき，$\varphi \sim m_1\varphi_1 + m_2\varphi_2 + \cdots$ と書く．これを φ の**既約分解** (irreducible decomposition) という．φ_i を φ の**既約成分** (irreducible component)，m_i を φ における φ_i の**重複度** (multiplicity) という．

φ の指標を χ, φ_i の指標を χ_i とすれば,

$$\chi = m_1\chi_1 + m_2\chi_2 + \cdots$$

となる．これを χ の**既約分解**という．$m_i > 0$ のとき χ_i を χ の**既約成分**という．以上から次の結果を得る．

定理 3.4.14　$m_i = (\chi, \chi_i)$. とくに，χ の既約分解は一意的である．

証明　注意 3.4.13 からしたがう． ■

定理 3.4.15　G の 2 つの表現が同値であるための必要十分条件は，それらの指標が一致することである．

証明　表現の完全可約性より，2 つの表現の既約成分の重複度が一致すればよい．これは定理 3.4.14 からしたがう． ■

定義 3.4.16　上記の記号の下に,

$$\chi = m_1\chi_1 + m_2\chi_2 + \cdots + m_\ell\chi_\ell \quad (m_i \in \mathbf{Z})$$

を**一般指標** (generalized character) という．

　有限群 G の左正則表現の指標を Π とし，左正則表現の指標における既約指標 χ_i の次数を f_i とする．

定理 3.4.17　任意の既約表現は左正則表現の既約成分で，その重複度は表現の次数と一致する．

証明　左正則表現の定義から,

$$a \in G, a \neq e \quad \text{なら} \quad \Pi(a) = 0,$$
$$a = e \quad \text{なら} \quad \Pi(e) = |G|$$

である．したがって,

$$(\Pi, \chi_i) = \frac{1}{|G|} \sum_{a \in G} \Pi(a) \chi_i(a^{-1})$$
$$= \frac{1}{|G|} \Pi(e) \chi_i(e) = f_i$$

を得る．結果は定理 3.4.14 からしたがう． ■

系 3.4.18 G の同値でない既約表現の数は有限個であり，左正則表現の既約指標への分解は
$$\Pi = \sum_i f_i \chi_i$$
で与えられる．

系 3.4.19 有限群の既約指標を $\chi_1, \cdots, \chi_\ell$，その表現の次数をそれぞれ $f_1, \cdots, f_\ell$ とする．このとき，次が成り立つ．
  (i) $|G| = f_1^2 + \cdots + f_\ell^2 = \sum_{i=1}^\ell f_i \chi_i(e)$.
  (ii) $G \ni a \neq e$ なら，$f_1 \chi_1(a) + \cdots + f_\ell \chi_\ell(a) = 0$.

証明 (i) 系 3.4.18 より
$$|G| = \Pi(e) = \sum_{i=1}^\ell f_i \chi_i(e) = \sum_{i=1}^\ell f_i^2$$
を得る．
  (ii) $G \ni a \neq e$ なら，
$$0 = \Pi(a) = \sum_{i=1}^\ell f_i \chi_i(a)$$
となる． ■

3.5 指標の第 2 直交関係

定理 3.5.1（指標の第 2 直交関係） G を位数 g の有限群，$\chi_1, \cdots, \chi_\ell$ を G の相異なる既約指標の全体とする．$K_1 = \{e\}, K_2, \cdots, K_t$ を G の共役類の全体とし，$|K_\alpha| = h_\alpha$ とおく．さらに，$a_1 = e, a_2, \cdots, a_t$ を各共役類の代表元とする．このとき，

$$\sum_{i=1}^{\ell} \chi_i(a_\alpha)\chi_i(a_\beta^{-1}) = \delta_{\alpha\beta}\frac{g}{h_\alpha}$$

が成り立つ．

定理 3.5.1 を証明するために，いくつかの補題を準備する．

K_α に含まれる元を $x_1, \cdots, x_{h_\alpha}$ とするとき $K_\alpha = x_1 + \cdots + x_{h_\alpha}$ と表示する．$K_\beta = y_1 + \cdots + y_{h_\beta}$ とするとき

$$K_\alpha \cdot K_\beta = \sum_{i,j} x_i y_j$$

と定義する．

補題 3.5.2 α, β, γ に対し，ある非負整数 $c_{\alpha\beta\gamma}$ が存在して

$$K_\alpha \cdot K_\beta = \sum_\gamma c_{\alpha\beta\gamma} K_\gamma$$

となる．

証明 $z \in K_\gamma$ に対し，$x_i y_j = z$ となる組 (x_i, y_j) が c 個存在するとする．K_γ の任意の元は $a^{-1}za$ の形であり $a^{-1}za = a^{-1}x_i a \cdot a^{-1}y_j a$ となる．この表示から $a^{-1}za = x_i y_j$ となる組 (x_i, y_j) も c 個存在することがわかる．よって，その数を $c_{\alpha\beta\gamma}$ とおけば求める表示を得る． ∎

補題 3.5.3 K_α の元の逆元の集合も 1 つの共役類となる．

証明 $K_\alpha \ni z$ とすれば，K_α の任意の元は $a^{-1}za$ $(a \in G)$ の形である．その逆元は $(a^{-1}za)^{-1} = a^{-1}z^{-1}a$ である．よって，それらは z^{-1} と共役な元となる． ∎

K_α の元の逆元の集合のなす共役類を $K_{\bar{\alpha}}$ と書くことにする．

補題 3.5.4 $K_1 = \{e\}$ とするとき

$$c_{\alpha\beta 1} = \begin{cases} h_\alpha & (K_\beta = K_{\tilde{\alpha}}) \\ 0 & (K_\beta \neq K_{\tilde{\alpha}}) \end{cases}$$

となる.

証明 $K_\beta = K_{\tilde{\alpha}}$ なら, $x_i y_j = e$ となる組は (x_i, x_i^{-1}) $(x_i \in K_\alpha)$ で h_α 個存在する. $K_\beta \neq K_{\tilde{\alpha}}$ なら $x_i y_j = e$ となる組 (x_i, y_j) は存在しない. ∎

補題 3.5.5 f 次の表現 $\varphi : G \to GL_f(\mathbf{C})$ の指標を χ とする. このとき,

$$\chi(a_\alpha)\chi(a_\beta) = \sum_\gamma c_{\alpha\beta\gamma} \frac{h_\gamma f}{h_\alpha h_\beta} \chi(a_\gamma)$$

が成り立つ.

証明 $\varphi : G \to GL_f(\mathbf{C})$ を G の f 次の表現とする.

$$\varphi(K_\alpha) = \sum_{x_i \in K_\alpha} \varphi(x_i)$$

とおく. 補題 3.5.2 より

$$(*) \qquad \varphi(K_\alpha)\varphi(K_\beta) = \sum_\gamma c_{\alpha\beta\gamma} \varphi(K_\gamma)$$

となる. ここで,

$$\varphi(a)\varphi(K_\alpha) = \varphi(K_\alpha)\varphi(a)$$

となることを示そう. x_i が K_α の元全体にわたれば, $a^{-1}x_i a$ も K_α の元全体にわたる. したがって,

$$\varphi(a)^{-1}\varphi(K_\alpha)\varphi(a) = \sum_{x_i \in K_\alpha} \varphi(a^{-1}x_i a)$$
$$= \sum_{x_i \in K_\alpha} \varphi(x_i) = \varphi(K_\alpha)$$

を得る. よって, 定理 3.3.3 より, $d_\alpha \in \mathbf{C}$ が存在して

3.5 指標の第2直交関係 | 91

の形となる.

$$\varphi(K_\alpha) = d_\alpha E$$

の形となる. φ の指標を χ とすれば,トレースをとって

$$h_\alpha \chi(a_\alpha) = f d_\alpha$$

を得る.よって,

$$d_\alpha = \frac{h_\alpha \chi(a_\alpha)}{f}$$

となる.したがって,(*) に代入して

$$\frac{h_\alpha \chi(a_\alpha)}{f} \cdot \frac{h_\beta \chi(a_\beta)}{f} = \sum_\gamma c_{\alpha\beta\gamma} \frac{h_\gamma \chi(a_\gamma)}{f},$$

すなわち,

$$\chi(a_\alpha) \chi(a_\beta) = \sum_\gamma c_{\alpha\beta\gamma} \frac{h_\gamma f}{h_\alpha h_\beta} \chi(a_\gamma)$$

を得る. ∎

定理 3.5.1 の証明

既約指標 χ_i の次数を f_i とし,i についての和をとれば

$$\sum_i \chi_i(a_\alpha) \chi_i(a_\beta) = \sum_\gamma c_{\alpha\beta\gamma} \frac{h_\gamma}{h_\alpha h_\beta} \sum_i f_i \chi_i(a_\gamma)$$

$$= c_{\alpha\beta 1} \frac{1}{h_\alpha h_\beta} \cdot g$$

$$= \begin{cases} \frac{g}{h_\alpha} & (K_\beta = K_{\bar{\alpha}}) \\ 0 & (K_\beta \neq K_{\bar{\alpha}}) \end{cases}$$

となる.ゆえに,

$$\sum_i \chi_i(a_\alpha) \chi_i(a_\beta^{-1}) = \delta_{\alpha\beta} \frac{g}{h_\alpha}$$

を得る. ∎

補題 3.5.6 A を (m,n) 型行列,B を (n,m) 型行列とする.このとき,行列式 $\det(AB) \neq 0$ ならば,$m \leq n$ となる.

証明 $m > n$ と仮定する．2つの m 次正方行列

$$\tilde{A} = (A, 0) \quad \tilde{B} = \begin{pmatrix} B \\ 0 \end{pmatrix}$$

を考える．このとき，

$$0 = \det \tilde{A} \cdot \det \tilde{B} = \det \tilde{A}\tilde{B} = \det AB$$

となり，仮定に反する． ■

定理 3.5.7 有限群 G の相異なる既約指標の個数は G の共役類の個数に等しい．

証明 G の相異なる指標を $\chi_1, \cdots, \chi_\ell$ とする．G の共役類の代表元を $a_1, \cdots, a_k$ とする．指標の第1直交関係より

$$\begin{pmatrix} \chi_1(a_1) & \cdots & \chi_1(a_k) \\ \vdots & & \vdots \\ \chi_\ell(a_1) & \cdots & \chi_\ell(a_k) \end{pmatrix} \begin{pmatrix} h_1\chi_1(a_1^{-1}) & \cdots & h_1\chi_\ell(a_1^{-1}) \\ \vdots & & \vdots \\ h_k\chi_1(a_k^{-1}) & \cdots & h_k\chi_\ell(a_k^{-1}) \end{pmatrix}$$

$$= \begin{pmatrix} g & & & 0 \\ & g & & \\ & & \ddots & \\ 0 & & & g \end{pmatrix}$$

となる．右辺の行列式は 0 ではないから，$\ell \leq k$ を得る．他方，指標の第2直交関係より

$$\begin{pmatrix} \chi_1(a_1) & \cdots & \chi_\ell(a_1) \\ \vdots & & \vdots \\ \chi_1(a_k) & \cdots & \chi_\ell(a_k) \end{pmatrix} \begin{pmatrix} \chi_1(a_1^{-1}) & \cdots & \chi_1(a_k^{-1}) \\ \vdots & & \vdots \\ \chi_\ell(a_1^{-1}) & \cdots & \chi_\ell(a_k^{-1}) \end{pmatrix}$$

$$= \begin{pmatrix} \frac{g}{h_1} & & 0 \\ & \ddots & \\ 0 & & \frac{g}{h_k} \end{pmatrix}$$

となる．右辺の行列式は 0 ではないから，$k \leq \ell$ となる．以上から $k = \ell$ を得る． ∎

【例 3.5.8】 3 次対称群の既約指標を求める．S_3 の共役類は $K_1 = \{(1)\}$，$K_2 = \{(1\,2)$ とその共役$\}$，$K_3 = \{(1\,2\,3)$ とその共役$\}$ の 3 個．よって，3 個の既約指標を持つ．それらを χ_i $(i = 1\,2\,3)$ とし，次数をそれぞれ $n_1 \leq n_2 \leq n_3$ とする．交換子群 $D(S_3) = A_3$ だから，$S_3/A_3 \cong \mathbf{Z}/2\mathbf{Z}$ より 1 次の指標は 2 個：$n_1 = n_2 = 1$．それらは可換群 S_3/A_3 の指標 $\chi_1(A_3) = 1, \chi_1((1\,2)A_3) = 1$ および $\chi_2(A_3) = 1, \chi_2((1\,2)A_3) = -1$ から得られる（命題 3.4.6 参照）．$n_1^2 + n_2^2 + n_3^2 = |S_3| = 6$ を解いて，$n_3 = 2$．次数 2 の指標を χ_3 とし，共役類 K_i の元での値を $\chi_3(K_i)$ と書けば，その次数から $\chi_3(K_1) = 2$ である．$\chi_3(K_2) = a_2, \chi_3(K_3) = a_3$ とおく．共役類 K_1, K_2, K_3 に含まれる元数はそれぞれ，$1, 3, 2$ であるから，指標の第 1 直交関係は

$$(\chi_1, \chi_3) = (2 + 3a_2 + 2a_3)/6 = 0,$$
$$(\chi_2, \chi_3) = (2 - 3a_2 + 2a_3)/6 = 0,$$
$$(\chi_3, \chi_3) = (2^2 + 3a_2^2 + 2a_3^2)/6 = 1$$

となる．a_2, a_3 はこの式を解いて得られる．

	K_1	K_2	K_3
χ_1	1	1	1
χ_2	1	-1	1
χ_3	2	0	-1

章末問題

(1) $G = \mathbf{C}$ を複素数のなす加法群とするとき
$$\varphi: \quad G \quad \longrightarrow \quad GL(n, \mathbf{C})$$
$$a \quad \mapsto \quad \begin{pmatrix} a+1 & -a \\ a & -a+1 \end{pmatrix}$$
は G の線形表現になることを示せ．また，この表現は可約であることを示せ．

(2) n を 3 以上の自然数とし，G を位数 n の巡回群で σ をその生成元とする．このとき，
$$\varphi: \quad G \quad \longrightarrow \quad GL(2, \mathbf{R})$$
$$\sigma^k \quad \mapsto \quad \begin{pmatrix} \cos 2k\pi/n & \sin 2k\pi/n \\ -\sin 2k\pi/n & \cos 2k\pi/n \end{pmatrix}$$
で与えられる $\mathbf{R}$ 上の 2 次元表現は既約であることを示せ．また，この表現を $\mathbf{C}$ 上で考えるとどのように分解されるか．

(3) 行列 A の転置行列を ${}^tA$ と書く．群 G の $\mathbf{C}$ 上の線形表現を $\varphi: a \mapsto \varphi(a)$ とすれば，$\varphi^*: a \mapsto {}^t\varphi(a^{-1})$ も G の表現であることを示せ．

(4) 有限群 G の左正則表現と右正則表現は同値な表現であることを示せ．

(5) 有限群の $\mathbf{C}$ 上の線形表現は，ユニタリ群による表現と同値になることを示せ．

(6) χ を有限群 G の表現の指標とすれば，$\sum_{a \in G} \chi(a)$ は G の位数 g で割り切れることを示せ．また，$(\sum_{a \in G} \chi(a))/g$ は χ における単位指標の重複度に等しいことを示せ．

(7) k を体とし，G を有限群とする．$a \in G$ に対し
$$T_a: \quad k[G] \quad \longrightarrow \quad k[G]$$
$$x \quad \mapsto \quad a^{-1}xa$$
と定義する．$a \mapsto T_a$ によって定義される G の線形表現は G の共役類数の単位表現を含むことを示せ．

(8) 有限群 G_1, G_2 の直積 $G = G_1 \times G_2$ を考える．G の左正則表現は G_1 の左正則表現と G_2 の左正則表現のテンソル積（行列表示されていればクロネッカー積）として与えられることを示せ．

(9) 有限群 G の部分群 H を考え，G の H による左剰余類への分解を
$$G = a_1 H + a_2 H + \cdots + a_r H$$
とする．H の n 次の線形表現 φ が与えられたとき，$a \in G$ に対し
$$\varphi^G(a) = \begin{pmatrix} \varphi(a_1^{-1} a a_1) & \varphi(a_1^{-1} a a_2) & \cdots & \varphi(a_1^{-1} a a_r) \\ \varphi(a_2^{-1} a a_1) & \varphi(a_2^{-1} a a_2) & \cdots & \varphi(a_2^{-1} a a_r) \\ \vdots & \vdots & \cdots & \vdots \\ \varphi(a_r^{-1} a a_1) & \varphi(a_r^{-1} a a_2) & \cdots & \varphi(a_r^{-1} a a_r) \end{pmatrix}$$
を対応させることによって G の nr 次の線形表現 φ^G が得られることを示せ．ただし，G の元 x が H に入らないときは $\varphi(x) = 0$ と定義する（φ^G を φ による G の**誘導表現** (induced representation) という）．

(10) 有限群 G の部分群 H を考え，H の線形空間 V における線形表現 φ が与えられているとする．このとき，φ による G の誘導表現は，$k[G]$ を右 $k[H]$-加群とみて得られるテンソル積 $k[G] \otimes_{k[H]} V$ を左 $k[G]$-加群とみたものに対応することを示せ．

(11) 有限群 G の部分群 H の左正則表現から誘導された G の表現は G の左正則表現であることを示せ．

(12) 有限群 G_1, G_2 の直積 $G = G_1 \times G_2$ の既約表現は G_1 の既約表現と G_2 の既約表現のテンソル積（行列表示されているときはクロネッカー積）として得られることを示せ．

(13) 有限群 G の一般指標 χ が既約指標であるための必要十分条件は，$(\chi, \chi) = 1$ かつ $\chi(e) > 0$ を満たすことである．このことを示せ．

以下，複素数体 **C** 上の線形表現を考える．

(14) 4 次対称群 S_4 の既約表現の次数をすべて求めよ．

(15) 有限巡回群の既約指標をすべて求めよ．

(16) クラインの 4 群の既約指標をすべて求めよ．

(17) 4 次の 2 面体群 D_4 の既約指標をすべて求めよ．

(18) 位数 8 の 4 元数群 Q_3 の既約指標をすべて求めよ．

(19) 4 次の交代群 A_4 の既約指標をすべて求めよ．

(20) 位数 21 の非可換群がただ 1 つ存在することを示し，その既約指標をすべて求めよ．

第4章 ネター加群

4.1 ネター加群の基礎

本節では，ネター性とアルティン性について解説する．ネター性はある種の有限性であり，この性質から代数幾何，数論などにおけるさまざまな有限的な性質が得られる．

命題 4.1.1 環 R 上の加群 M に対し次の2条件は同値である．
  (i) （極大条件）M の R-部分加群のつくる任意の集合には極大なものが存在する．
  (ii) （昇鎖律）M の R-部分加群の無限列

$$N_1 \subset N_2 \subset \cdots \subset N_\nu \subset \cdots$$

において，ある番号 α が存在して $N_\alpha = N_{\alpha+1} = \cdots$ となる．

証明 (i) $\Rightarrow$ (ii)：R-部分加群の無限列

$$N_1 \subset N_2 \subset \cdots \subset N_\nu \subset \cdots$$

をとれば，仮定から集合 $\{N_\nu\}$ には極大元がある．その極大元を N_α とすれば，包含関係から $N_\alpha = N_{\alpha+1} = \cdots$ となる．

(ii)$\Rightarrow$(i)．$\Lambda = \{N_i \mid i \in I\}$ を M の $\emptyset$ でない部分加群の集合とする．包含関係 $\subset$ で Λ の元に大小関係 $\prec$ を入れる．$\Lambda \ni N_1$ をとる．これが極大なら証明が終わる．そうでないなら Λ の元 N_2 で $N_1 \subset N_2, N_1 \neq N_2$ となるものが存在する．この議論を繰り返せば，条件 (ii) より極大元に到達する．∎

命題 4.1.2 環 R に対し次の3条件は同値である．

(i) （極大条件）R の左イデアルのつくる任意の集合には極大なものが存在する．
(ii) （昇鎖律）R の左イデアルの無限列

$$\mathfrak{a}_1 \subset \mathfrak{a}_2 \subset \cdots \subset \mathfrak{a}_n \subset \cdots$$

において，ある番号 N が存在して $\mathfrak{a}_N = \mathfrak{a}_{N+1} = \cdots$ となる．
(iii) （有限生成性）R の任意の左イデアルは有限生成である．

証明 条件 (i)(ii) の同値性は命題 4.1.1 からしたがう．

(i) $\Rightarrow$ (iii)：$\mathfrak{a}$ を任意の左イデアルとし $\mathfrak{a}$ に含まれる左イデアルで有限生成なもの全体のなす集合を Λ とする．仮定から Λ には極大元 $\mathfrak{a}'$ がある．もし $\mathfrak{a}'$ が $\mathfrak{a}$ より真に小さいとすれば，$\mathfrak{a} \setminus \mathfrak{a}' \ni a$ をとって $\mathfrak{a}'$ と a で生成される左イデアル $\mathfrak{b}$ を考えると $\mathfrak{b}$ は有限生成で $\mathfrak{a}'$ より真に大きくなる．これは $\mathfrak{a}'$ の極大性に反する．ゆえに $\mathfrak{a}' = \mathfrak{a}$，すなわち $\mathfrak{a}$ は有限生成である．

(iii)$\Rightarrow$(ii)：R のイデアルの列

$$\mathfrak{a}_1 \subset \mathfrak{a}_2 \subset \cdots \subset \mathfrak{a}_n \subset \cdots$$

に対し，$\mathfrak{a} = \bigcup_{n=1}^{\infty} \mathfrak{a}_n$ とおく．これは R の左イデアルである．仮定から，$\mathfrak{a}$ は有限生成，すなわち，$\mathfrak{a}$ の元 $a_1, \cdots, a_r$ があって，$\mathfrak{a} = (a_1, \cdots, a_r)$ となる．$a_i \in \mathfrak{a}_{n_i}$ とし，n_i のうち最大のものを N とすれば $a_1, \cdots, a_r \in \mathfrak{a}_N$ となる．ゆえに $\mathfrak{a}_N = \mathfrak{a}$ となり，$\mathfrak{a}_N = \mathfrak{a}_{N+1} = \cdots$ を得る． ∎

定義 4.1.3 命題 4.1.1 の条件を満たす加群 M を（左）**ネーター加群** (Noetherian module) という．また，命題 4.1.2 の条件を満たす環 R を（左）**ネーター環** (Noetherian ring) という．

命題 4.1.4 M をネーター R-加群，N を R-加群，$\varphi : M \to N$ を全射 R-準同型写像とすれば，N もネーター加群である．とくに，R をネーター環，R' を環，$\varphi : R \to R'$ を全射準同型写像とすれば，R' もネーター環である．

証明 N の R-部分加群の無限列

$$N_1 \subset N_2 \subset \cdots \subset N_\nu \subset \cdots$$

を考える. M の R-部分加群の無限列

$$\varphi^{-1}(N_1) \subset \varphi^{-1}(N_2) \subset \cdots \subset \varphi^{-1}(N_\nu) \subset \cdots$$

を得るが, M がネター R-加群であることから, ある番号 α が存在して

$$\varphi^{-1}(N_\alpha) = \varphi^{-1}(N_{\alpha+1}) = \cdots$$

となる. φ は全射だから $N_\alpha = N_{\alpha+1} = \cdots$ となる. ∎

ここで R が可換な場合を考えよう.

定理 4.1.5 (ヒルベルトの基底定理) R を 1 を持つ可換なネター環とすれば, R 上の n 変数多項式環 $R[X_1, \cdots, X_n]$ もネター環である.

証明 まず $n=1$ の場合を考える. $X = X_1$ とおき, イデアル $I \subset R[X]$, $I \neq R[X]$, $I \neq (0)$ をとる. I に属する m 次式 $f(X) = a_m X^m + \cdots + a_0$ ($a_i \in R$) の最高次係数全体と 0 からなる集合を $\mathfrak{a}_m$ とする. $\mathfrak{a}_m$ は R のイデアルになる. $a_m \in \mathfrak{a}_m$ なる元をとれば $f(x) = a_m X^m + \cdots$ となる m 次式が存在し $Xf(X) = a_m X^{m+1} + \cdots$ となるから, $\mathfrak{a}_{m+1}$ の定義から $a_m \in \mathfrak{a}_{m+1}$ を得る. したがって,

$$\mathfrak{a}_0 \subset \mathfrak{a}_1 \subset \mathfrak{a}_2 \subset \cdots \subset \mathfrak{a}_m \subset \cdots$$

なる列を得る. R はネター環だから, ある自然数 N があって,

$$\mathfrak{a}_N = \mathfrak{a}_{N+1} = \mathfrak{a}_{N+2} = \cdots$$

となる. $\mathfrak{a}_i$ は有限生成だから, $0 \leq i \leq N$ なる i に対し, イデアル $\mathfrak{a}_i$ の生成系の元を最高次係数にする I の多項式を 1 組とる. それらを

$$f_1^{(i)}(X), \cdots, f_{r_i}^{(i)}(X)$$

とする.

$$f_j^{(i)}(X) \quad (j=1,\cdots,r_i; i=0,\cdots,N)$$

の全体によって生成される $R[X]$ のイデアルを I' とする.

このとき, $I'=I$ となることを示そう. $I' \subset I$ であることは I' のつくり方から明らか. $I \ni g \neq 0$ をとる. $\deg g = m$ とし, m に関する帰納法によって証明する. $m=0$ のときはイデアル $\mathfrak{a}_0$ のつくり方から $g \in I'$ となる. そこで, $\deg g < m$ のときには $g \in I'$ が示せたとして $\deg g = m$ のときを示す. このとき, $a_m \in \mathfrak{a}_m$ があって $g = a_m X^m + \cdots$ と書ける. $m \geq N$ ならば $c_1, \cdots, c_{r_N} \in R$ があって $g - X^{m-N}(c_1 f_1^{(N)} + \cdots + c_{r_N} f_{r_N}^{(N)}) = g_{m-1}$ の次数は $m-1$ 次以下となるようにできる. ここに $X^{m-N}(c_1 f_1^{(N)} + \cdots + c_{r_N} f_{r_N}^{(N)}) \in I'$ である. $m < N$ ならば $c_1, \cdots, c_{r_m} \in R$ があって $g - (c_1 f_1^{(m)} + \cdots + c_{r_m} f_{r_m}^{(m)}) = g_{m-1}$ の次数は $m-1$ 次以下となるようにできる. ここに $c_1 f_1^{(m)} + \cdots + c_{r_m} f_{r_m}^{(m)} \in I'$ である. $g_{m-1} \in I$ だから, 帰納法の仮定によって $g_{m-1} \in I'$ となる. ゆえに, $g \in I'$ を得る.

$n \geq 2$ のときは $R[X_1, \cdots, X_n] = R[X_1, \cdots, X_{n-1}][X_n]$ を用いて帰納的に証明を終える. ■

系 4.1.6 体 k 上の n 変数多項式環 $k[X_1, \cdots, X_n]$ はネーター環である.

証明 体のイデアルは (0) だけだから体はネーター環である. よってこの系は定理 4.1.5 からしたがう. ■

定理 4.1.7 可換なネーター環 R 上の有限生成可換環 S はネーター環である.

証明 S は有限生成だから $b_i \in S$ $(i=1,\cdots,n)$ があって $S = R[b_1, \cdots, b_n]$ と書ける. $X_1, \cdots, X_n$ を変数として, 準同型写像

$$R[X_1, \cdots, X_n] \longrightarrow R[b_1, \cdots, b_n]$$
$$X_i \mapsto b_i$$

を得る. この準同型写像は全射で, 先の定理 4.1.5 から多項式環 $R[X_1, \cdots, X_n]$ はネーター環だから $R[b_1, \cdots, b_n]$ もネーター環である. ■

【例 4.1.8】 有理整数環 $\mathbb{Z}$ はネター環である．このことはイデアルの昇鎖列を考えれば，$\mathbb{Z}$ が単項イデアル整域であること，および整数の約数が有限個であることからしたがう．また，R をネター環とすれば，R 上の形式的べき級数環 $R[[X_1,\cdots,X_n]]$ もネター環である．このことは最低次数の項の係数が生成するイデアルを考えることによりヒルベルトの基底定理と同様にして証明できる．

極大条件のかわりに極小条件を考えても，よい性質を持つ環の概念に到達する．

命題 4.1.9 環 R 上の加群 M に対し次の 2 条件は同値である．
  (i) （極小条件）M の R-部分加群のつくる任意の集合には極小なものが存在する．
  (ii) （降鎖律）M の R-部分加群の無限列
$$N_1 \supset N_2 \supset \cdots \supset N_\nu \supset \cdots$$
において，ある番号 α が存在して $N_\alpha = N_{\alpha+1} = \cdots$ となる．

環の場合には次のようになる．

命題 4.1.10 環 R について次の 2 条件は同値である．
  (i) （極小条件）R の左イデアルのつくる任意の集合 $(\neq \emptyset)$ は極小元を持つ．
  (ii) （降鎖律）R の左イデアルの無限列
$$\mathfrak{a}_1 \supset \mathfrak{a}_2 \supset \cdots \supset \mathfrak{a}_n \supset \cdots$$
において，ある番号 N が存在して $\mathfrak{a}_N = \mathfrak{a}_{N+1} = \cdots$ となる．

証明 ネター性の場合と同様に示せる． ∎

定義 4.1.11 命題 4.1.9 の条件を満たす R-加群を（左）**アルティン加群** (Artinian R-module) という．命題 4.1.10 の条件を満たす環 R を（左）**アルティン環** (Artinian R-ring) という．

注意 4.1.12 左アルティン環は左ネター環であることが知られている（秋月の定理）．

4.2 クルル・レマク・シュミットの定理

定義 4.2.1 R を環とし，R-加群 M の部分加群の真の減少列
$$M = M_0 \supset M_1 \supset M_2 \supset \cdots \supset M_r = 0$$
を考える．剰余加群 M_i/M_{i+1} $(0 \leq i \leq r-1)$ が既約 R-加群になるとき，この列を**組成列** (composition series) という．r をその**長さ** (length) といい，$\ell(M)$ と書く．ただし，$M = 0$ であるときは，長さ $\ell(M) = 0$，組成列を持たないときは，長さ $\ell(M) = \infty$ と定義する．

【例 4.2.2】 有理整数環 $\mathbf{Z}$ を $\mathbf{Z}$-加群とみれば，組成列は存在しない．

定理 4.2.3 R-加群 M が 2 つの組成列を持てば，それらの長さは一致する．

証明 2 つの組成列を
$$M = M_0 \supset M_1 \supset M_2 \supset \cdots \supset M_r = 0,$$
$$M = N_0 \supset N_1 \supset N_2 \supset \cdots \supset N_s = 0$$
とする．$r \geq s$ であることを示せば対称性から $r = s$ を得るから，以下，r に関する帰納法で，$r \geq s$ を示す．

$r = 1$ のとき，$M \supset 0$ が組成列であるから，$M = M/0$ は既約加群となる．よって，M の部分加群は M か 0 にならざるを得ない．よって組成列の定義から，$s = 1$ で $N_1 = 0$ となる．$r > 1$ とする．$N_1 = M_1$ のとき，$N_1 = M_1$ は長さ $r-1$ の組成列を持つから，帰納法の仮定から $r-1 \geq s-1$，すなわち $r \geq s$ を得る．$N_1 \neq M_1$ のとき，列
$$(*) \quad N_1 \supset M_1 \cap N_1 \supset M_2 \cap N_1 \supset \cdots \supset M_r \cap N_1 = 0$$
をとる．同形

$$(M_j \cap N_1)/(M_{j+1} \cap N_1) \cong (M_{j+1} + (M_j \cap N_1))/M_{j+1}$$

の右辺は既約加群 M_j/M_{j+1} の部分加群だから，M_j/M_{j+1} と一致するか 0 となる．よって，左辺は既約加群であるか $M_j \cap N_1 = M_{j+1} \cap N_1$ となる．一方，列

$$M_1 \supset M_1 \cap N_1 \supset M_2 \cap N_1 \supset \cdots \supset M_r \cap N_1 = 0$$

に帰納法の仮定を用いて項の数を考えれば $M_i \cap N_1 = M_{i+1} \cap N_1$ となる $i \geq 1$ が少なくとも 1 つ存在する．したがって，列 $(*)$ から重複する項を除くと N_1 の長さ $r-1$ 以下の組成列を得る．ゆえに，$N_1 \supset N_2 \supset \cdots \supset N_s = 0$ なる組成列は帰納法の仮定から $s - 1 \leq r - 1$ となり，$s \leq r$ を得る． ∎

注意 4.2.4 k を体，V を k 上のベクトル空間とする．このとき，次元 $\dim_k V = \ell(V)$ となる．

定理 4.2.5 R-加群の完全系列

$$0 \to L \xrightarrow{f} M \xrightarrow{g} N \to 0$$

に対し，$\ell(M) = \ell(L) + \ell(N)$ となる．

証明 $\ell(M) = \infty$ であることと，$\ell(N) = \infty$ または $\ell(L) = \infty$ であることが同値であることは明らかである．そこで，L, M, N の長さが有限である場合を考えれば十分である．

$$L = L_0 \supset L_1 \supset L_2 \supset \cdots \supset L_r = 0,$$
$$N = N_0 \supset N_1 \supset N_2 \supset \cdots \supset N_s = 0$$

を組成列とする．このとき，$g^{-1}(N_i)/g^{-1}(N_{i+1}) \cong N_i/N_{i+1}$ となる．したがって，

$$M = g^{-1}(N) \supset g^{-1}(N_1) \supset g^{-1}(N_2) \supset \cdots \supset g^{-1}(N_{s-1})$$
$$\supset f(L) \supset f(L_1) \supset f(L_2) \supset \cdots \supset f(L_r) = 0$$

は M の組成列となる．結果はこのことからしたがう． ∎

注意 4.2.6　M を R-加群, $M \supset N$ を R-部分加群とする. このとき, この定理から $\ell(M) = \ell(N) + \ell(M/N)$ を得る.

長さ有限になる条件として次の補題がある.

補題 4.2.7　R-加群 M が極小条件と極大条件を満たすならば長さ有限である.

証明　M の R-部分加群 N のうち, 列
$$M = M_0 \supset M_1 \supset M_2 \supset \cdots \supset M_k = N$$
で, M_i/M_{i+1} $(0 \leq i \leq k-1)$ が既約加群になるものが存在するものの全体 $\Lambda = \{N\}$ を考える. 仮定よりこの集合には極小元があるから, その極小元をあらためて N と書く. もし, $N \neq 0$ なら, N の真の R-部分加群全体の集合を考える. 仮定によりこの集合には極大元 M_{k+1} が存在し, 極大性から M_k/M_{k+1} は既約加群となる. このとき,
$$M = M_0 \supset M_1 \supset M_2 \supset \cdots \supset M_k \supset M_{k+1}, \quad M_k = N$$
を考えれば, $\Lambda \ni M_{k+1}$ となり N の極小性に反する. よって, $N = 0$ となり, M は長さ有限となる. ∎

次の定義は既約加群の条件を少し弱めたものである.

定義 4.2.8　R-加群 M は, 真の部分加群 M_1, M_2 が存在して $M \cong M_1 \oplus M_2$ と直和に分解されないとき, **直既約** (indecomposable) であるという.

補題 4.2.9　M を長さ有限の R-加群とする. このとき, M が直既約ならば $\mathrm{End}_R(M)$ の非可逆元はべき零である.

証明　$f \in \mathrm{End}_R(M)$ を非可逆元とする. もし, f が全射ならば $M/\mathrm{Ker}\, f \cong M$ より $\ell(M) - \ell(\mathrm{Ker}\, f) = \ell(M)$ となるから, $\ell(\mathrm{Ker}\, f) = 0$ を得, $\mathrm{Ker}\, f = 0$ となる. すなわち, f は同形写像となり f が非可逆元であることに反する. し

たがって，f は全射ではなく $M \neq f(M)$ となる．列
$$f(M) \supset f^2(M) \supset \cdots$$
を考えれば，$\ell(f(M)) \geq \ell(f^2(M)) \geq \cdots$ だから，ある n が存在して $\ell(f^n(M)) = \ell(f^{n+1}(M))$ となり，$m \geq n$ に対して $\ell(f^n(M)) = \ell(f^m(M))$ を得る．ゆえに，$m \geq n$ に対して $f^n(M) = f^m(M)$ を得る．$N = f^n(M)$ とおく．完全系列
$$0 \to \mathrm{Ker}\, f^n \longrightarrow M \xrightarrow{f^n} N \to 0$$
を考える．f は N から N への全射を引き起こすから，上記のように f は N の同形写像となる．よって，f^n も N の同形写像を引き起こし，$N \cap \mathrm{Ker}\, f^n = 0$ となる．したがって，この完全系列は分裂し $M = N \oplus \mathrm{Ker}\, f^n$ を得る．M は直既約で先に示したことから $M \neq N$ だから，$N = 0$ となる．つまり，$f^n = 0$ となり $\mathrm{End}_R(M)$ の非可逆元はべき零となる．■

命題 4.2.10 M を長さ有限の R-加群とする．このとき，M が直既約であるための必要十分条件は，$\mathrm{End}_R(M)$ が局所環であることである．

証明 M が直既約であるとする．$f, g \in \mathrm{End}_R(M)$ を非可逆元とする．$f - g = h$ とおくとき，h が可逆元なら $h^{-1}f - h^{-1}g = 1$ であり，$\mathrm{Ker}\, h^{-1}f \supset \mathrm{Ker}\, f \neq 0$ だから，$h^{-1}f$ は非可逆元であり，したがってべき零元になる．同様に $h^{-1}g$ もべき零元になる．つまり，自然数 m があって $(h^{-1}g)^m = 0$ となる．このとき，
$$(1 + h^{-1}g)(1 - h^{-1}g + (h^{-1}g)^2 - \cdots + (-h^{-1}g)^{m-1}) = 1$$
より，$1 + h^{-1}g$ は可逆元である．これは，$h^{-1}f = 1 + h^{-1}g$ が非可逆元であることに矛盾する．よって，$f - g$ は非可逆元である．また，f を非可逆元とするとき，任意の $r \in \mathrm{End}_R(M)$ に対し rf および fr は非可逆元となる．よって，$\mathrm{End}_R(M)$ の非可逆元全体がイデアルになるので，それが唯一の極大イデアルとなり，$\mathrm{End}_R(M)$ は局所環になる．

次に M が直既約でないとする．M の R-部分加群 $N_1 \neq 0, N_2 \neq 0$ が存在して $M = N_1 \oplus N_2$ となる．この分解に関する N_1, N_2 への射影を pr_1, pr_2 とすれば，$\mathrm{End}_R(M)$ で $pr_1 + pr_2 = 1$ となる．このとき，pr_1, pr_2 は非可逆

元であるがそれらの和が可逆元になるから，pr_1 を含む極大イデアルと pr_2 を含む極大イデアルは相異なり，$\operatorname{End}_R(M)$ は局所環ではない． ∎

定理 4.2.11（クルル・レマク・シュミットの定理）　M を長さ有限の R-加群とする．M が直既約加群への 2 通りの分解

$$M = M_1 \oplus M_2 \oplus \cdots \oplus M_s = N_1 \oplus N_2 \oplus \cdots \oplus N_t$$

(ただし，M_i, N_j $(i=1,2,\cdots,s; j=1,2,\cdots,t)$ は直既約 R-加群) が存在するとすれば，$s=t$ である．さらに，N_j を適当に並べかえれば，$M_i \cong N_i$ $(i=1,2,\cdots,s)$ となり，

$$M = N_1 \oplus N_2 \oplus \cdots N_i \oplus M_{i+1} \oplus \cdots \oplus M_s$$

が任意の i $(1 \leq i \leq s)$ に対して成り立つ．

証明　直既約加群への直和分解 $M = M_1 \oplus M_2 \oplus \cdots \oplus M_s$ に関する M_1 への射影を pr_1 とする．直既約加群への直和分解 $M = N_1 \oplus N_2 \oplus \cdots \oplus N_t$ に関する N_j への射影を M_1 に制限したものを q_j $(j=1,\cdots,t)$ とする．任意の $x \in M_1$ に対し

$$x = pr_1(x) = pr_1((q_1 + \cdots + q_t)(x))$$

であるから，$\operatorname{End}_R(M_1)$ において $1 = pr_1 q_1 + \cdots + pr_1 q_t$ を得る．$\operatorname{End}_R(M_1)$ は局所環であるから，ある j が存在して $pr_1 q_j$ が可逆元となる．N_j の順序を並べ替えて $pr_1 q_1$ が可逆元であるとしてよい．このとき，$\varphi = (pr_1|_{N_1})q_1$ とおけば，この準同型写像は M_1 の自己同型写像である．したがって，完全系列

$$0 \to \operatorname{Ker} \varphi^{-1}(pr_1|_{N_1}) \longrightarrow N_1 \xrightarrow{\varphi^{-1}(pr_1|_{N_1})} M_1 \to 0$$

を考えれば，$\varphi^{-1}(pr_1|_{N_1})$ は $q_1(M_1)$ と M_1 の同型を引き起こす．ゆえにこの完全系列は分裂する．すなわち，$N_1 = q_1(M_1) \oplus \operatorname{Ker} \varphi^{-1}(pr_1|_{N_1})$ となるが，N_1 は直既約であるから $\operatorname{Ker} \varphi^{-1}(pr_1|_{N_1}) = 0$ となり，$N_1 = q_1(M_1) \cong M_1$ を得る．したがって，$pr_1|_{N_1} : N_1 \to M_1$ も同型写像となる．

任意の元 $x \in M_1$ をとる．$pr_1(x - pr_1|_{N_1}^{-1}(x)) = 0$ だから，$x - pr_1|_{N_1}^{-1}(x) \in M_2 \oplus \cdots \oplus M_s$ となる．$pr_1|_{N_1}^{-1}(x) \in N_1$ だから，$M_1 \subset$

$N_1 + M_2 + \cdots + M_s$ を得る．したがって，
$$M = M_1 + \cdots + M_s \subset N_1 + M_2 + \cdots + M_s$$
となり，$M = N_1 + M_2 + \cdots + M_s$ を得る．次に，$x \in N_1 \cap (M_2 \oplus \cdots \oplus M_s)$ をとれば，$x = x_2 + \cdots + x_s \ (x_i \in M_i)$ と書ける．$pr_1|_{N_1}(x) = pr_1(x) = 0$ であるが，$pr_1|_{N_1}$ は同型写像だから $x = 0$ を得る．したがって，$N_1 \cap (M_2 \oplus \cdots \oplus M_s) = \{0\}$ となり和は直和 $M = N_1 \oplus M_2 \oplus \cdots \oplus M_s$ となる．

次に，$M = N_1 \oplus M_2 \oplus \cdots \oplus M_s$ において，M_2 をとり同様の手続きを行えば，N_j の順序を適当に入れ替えて $M = N_1 \oplus N_2 \oplus M_3 \oplus \cdots \oplus M_s$, $M_1 \cong N_1$, $M_2 \cong N_2$ を得る．以下順次この手続きを繰り返して，$s = t$ となり，定理の結果を得る． ■

注意 4.2.12 長さ有限の R-加群 M が完全可約であれば，M は有限個の既約加群の直和 $M = M_1 \oplus \cdots \oplus M_\ell$ となるが，このとき $M_1, \cdots, M_\ell$ は同型を除いて一意的に決まる．クルル・レマク・シュミットの定理はこの事実の一般化である．

4.3　ウェッダーバーンの構造定理

R を環とする．

定義 4.3.1　R のすべての極大左イデアルの共通部分を $\mathrm{rad}(R)$ と書きジャコブソン根基 (Jacobson radical) という．

定義 4.3.2　R-加群 M に対し，
$$\mathrm{Ann}(M) = \{r \in R \mid rM = 0\}$$
とおいて，M の零化イデアル (annihilator) という．

第 1 章第 3 節において定義した記号 $\mathrm{Ann}(x)$ $(x \in M)$ を用いれば
$$\mathrm{Ann}\, M = \bigcap_{x \in M} \mathrm{Ann}(x)$$
となる．

定理 4.3.3 $\mathrm{rad}(R)$ は両側イデアルであり，$\mathrm{rad}(R)$ はあらゆる既約 R-加群 M_λ の零化イデアル全体の共通部分に等しい．

証明 $\mathrm{Ann}(M_\lambda)$ は両側イデアルであるから前半は後半からしたがう．M_λ を既約 R-加群とする．このとき，$M_\lambda \ni x \neq 0$ をとれば $M_\lambda = Rx$ となる．準同形写像

$$\varphi: \quad R \quad \longrightarrow \quad M_\lambda$$
$$r \quad \mapsto \quad rx$$

を考える．$\mathrm{Ker}\,\varphi$ は左イデアルで $R/\mathrm{Ker}\,\varphi \cong M_\lambda$ は既約だから $\mathrm{Ker}\,\varphi$ は極大左イデアルとなる．ゆえに，$\mathrm{rad}(R) \subset \mathrm{Ker}\,\varphi$ となり $(\mathrm{rad}(R))x = 0$ を得る．M_λ の既約性から任意の $r \in R, rx \neq 0$ に対し $M_\lambda = Rrx$ となる．準同型写像

$$\varphi': \quad R \quad \longrightarrow \quad M_\lambda = Rrx$$
$$y \quad \mapsto \quad yrx$$

を考えれば，$\mathrm{rad}(R) \subset \mathrm{Ker}\,\varphi'$ より $\mathrm{rad}(R) \subset \mathrm{Ann}(M_\lambda)$ だから $\mathrm{rad}(R) \subset \cap \mathrm{Ann}(M_\lambda)$ となる．

逆に，極大左イデアル $\mathfrak{m}_\lambda$ に対し，$\mathfrak{m}_\lambda \supset \mathrm{Ann}(R/\mathfrak{m}_\lambda)$ だから

$$\mathrm{rad}(R) = \cap \mathfrak{m}_\lambda \supset \cap \mathrm{Ann}(M_\lambda)$$

となる．以上から $\mathrm{rad}(R) = \cap \mathrm{Ann}(M_\lambda)$ を得る． ∎

命題 4.3.4 M を 0 でない有限生成 R-加群，$M \supsetneq N$ を左 R-部分加群とすれば，M は N を含むような極大左 R-部分加群を持つ．

証明 $\{x_1, \cdots, x_n\}$ を M の生成系とする．

$$\Lambda = \{\,\text{左 R-部分加群 } M' \mid N \subset M' \neq M\,\}$$

とおく．$N \in \Lambda$ より $\Lambda \neq \emptyset$．この集合に $\subset$ によって順序を入れる．$M_\lambda \in \Lambda$ とし，$\{M_\lambda\}$ を全順序列とする．$M' = \cup M_\lambda$ とおけばこれは M の左 R-部分加群であるが，$M' = M$ ならば，ある ν に対し $x_1, \cdots, x_n$ は M_ν に含まれ $M_\nu \neq M$ という仮定に反する．ゆえに，$M' \in \Lambda$ となり，Λ は帰納的順序集合である．よって，ツォルンの補題によって極大元が存在し，それが求める極大左 R-部分加群である． ∎

補題 4.3.5（中山の補題） M を有限生成左 R-加群，N を M の左 R-部分加群で $M = N + (\mathrm{rad}(R))M$ を満たすとする．このとき，$N = M$ が成り立つ．

証明 $N \neq M$ ならば命題 4.3.4 より N を含む M の極大左 R-部分加群 M_1 が存在する．M_1 の極大性から M/M_1 は既約 R-加群となる．よって，定理 4.3.3 より $(\mathrm{rad}(R))(M/M_1) = 0$, すなわち $(\mathrm{rad}(R))M \subset M_1$ となる．これは，$N + (\mathrm{rad}(R))M \subset N + M_1 = M_1 \neq M$ で仮定に反する．ゆえに，$N = M$ を得る． ∎

系 4.3.6 R を局所環，$\mathfrak{m}$ をその極大イデアル，M を有限生成 R-加群とする．N を M の R-部分加群で，$N + \mathfrak{m}M = M$ が成り立つとすれば，$M = N$ となる．

補題 4.3.7 $r \in R$ とする．$r \in \mathrm{rad}(R)$ となるための必要十分条件は，任意の $a \in R$ に対し，$1 - ar$ が左逆元を持つことである．

証明 必要性を示す．$1 = ar + (1 - ar)$ より，$r \in \mathrm{rad}(R)$ ならば $1 - ar$ はどの極大左イデアルにも含まれない．よって，$R(1-ar) \subsetneq R$ ではありえず $R(1-ar) = R$ となる．すなわち，$1 - ar$ は左逆元を持つ．

次に十分性を示す．$r \notin \mathrm{rad}(R)$ なら，ある極大左イデアル $\mathfrak{m}$ に対し $r \notin \mathfrak{m}$ だから，$Rr + \mathfrak{m} = R$ となる．よって，$a \in R, b \in \mathfrak{m}$ が存在して，$ar + b = 1$ となる．したがって，$1 - ar = b$ は左逆元を持ちえない． ∎

定理 4.3.8 任意の $a \in \mathrm{rad}(R)$ に対し，$1 - a$ は可逆元である．また，I を R の両側イデアルとし，任意の $a \in I$ に対し $1 - a$ は可逆元であるとする．このとき，$I \subset \mathrm{rad}(R)$ となる．すなわち，$\mathrm{rad}(R)$ はこの性質を持つ両側イデアルのうち最大である．

証明 $a \in \mathrm{rad}(R)$ とすれば補題 4.3.7 より $b(1-a) = 1$ となるような $b \in R$ が存在する．このとき，$b = 1 + ba$ より b も左逆元 c を持ち，$cb = 1$ となる．ゆえに，

$$(1-a)b = cb(1-a)b = c \cdot 1 \cdot b = cb = 1$$

となり，$1-a$ は逆元を持ち，したがって可逆元となる．

I を条件を満たす両側イデアルとし，$I \not\subset \mathrm{rad}(R)$ とする．このとき，ある極大左イデアル $\mathfrak{m}$ があって $I \not\subset \mathfrak{m}$ となる．このとき，$I + \mathfrak{m} = R$ となるから，$a \in I, b \in \mathfrak{m}$ が存在して，$a + b = 1$ となる．$b = 1 - a$ であるが b は可逆元ではないから条件に反する．ゆえに，$I \subset \mathrm{rad}(R)$ となり，$\mathrm{rad}(R)$ は最大である． ∎

系 4.3.9 $\mathrm{rad}(R)$ は極大右イデアル全体の共通部分にも等しい．

証明 定理 4.3.8 の性質は左右対称だから結果がしたがう． ∎

定義 4.3.10 非可換環 R, R' と写像 $f : R \to R'$ において，$f(x+y) = f(x) + f(y), f(xy) = f(y)f(x)$ $(x, y \in R)$ が成り立つような 1 対 1 かつ上への写像を**逆同型写像** (anti-isomorphism) という．R から R' への逆同型写像が存在するとき，R と R' は**逆同型** (anti-isomorphic) であるという．

定義 4.3.11 両側イデアルが零イデアル O と R のみの環 R を**単純環**という．

半単純環の定義については第 3 章で与えたが，その構造については次の定理が成り立つ．

定理 4.3.12（ウェッダーバーンの構造定理） 環 R について次の 5 条件は同値である．
  (i) R は半単純環である．すなわち，すべての左 R-加群は完全可約である．
  (ii) すべての左 R-加群は射影的である．
  (iii) 左アルティン環で，$\mathrm{rad}(R) = 0$ となる．
  (iv) 左アルティン環で，有限個の単純環の直積に同形となる．
  (v) 斜体 $D_1, \cdots, D_r$ と自然数 $n_1, \cdots, n_r$ があって

$$R \cong M(n_1, D_1) \times \cdots \times M(n_r, D_r)$$

となる．

証明 (i) ⇒ (ii)：M を左 R-加群とすれば，自由左 R-加群 F と全射準同形写像
$$\varphi : F \longrightarrow M$$
が存在する．$\mathrm{Ker}\,\varphi \subset F$ であるが，F は完全可約より $M' \subset F$ が存在して，$F = \mathrm{Ker}\,\varphi \oplus M'$ となる．このとき，$M' \cong M$ となるから M は射影的である．

(ii) ⇒ (i)：M を左 R-加群とし，完全系列
$$0 \to N \longrightarrow M \longrightarrow M/N \to 0$$
を考える．M/N は射影的だからこの完全系列は分裂する．ゆえに，$M \cong N \oplus M/N$ となり M は完全可約となる．

(v) ⇒ (iv)：D を斜体とするとき，$M(n,D)$ が単純であることは行列の理論でよく知られている．$M(n,D)$ は D 上 n^2 次元左ベクトル空間である．その左イデアルは D-部分空間だから降鎖律が成立する．よって左アルティン的である．

(iv) ⇒ (iii)：単純環のジャコブソン根基は 0 のみである．$R_1,\cdots,R_r$ を環とすれば
$$\mathrm{rad}(R_1 \times \cdots \times R_r) = \mathrm{rad}(R_1) \times \mathrm{rad}(R_2) \times \cdots \times \mathrm{rad}(R_r)$$
だから $\mathrm{rad}(R) = 0$ を得る．

(iii) → (i)：$\{\mathfrak{m}_\mu\}$ を左極大イデアルの全体とする．仮定より $\mathrm{rad}(R) = \cap \mathfrak{m}_\lambda = 0$ である．降鎖列 $\mathfrak{m}_1 \supset \mathfrak{m}_1 \cap \mathfrak{m}_2 \supset \mathfrak{m}_1 \cap \mathfrak{m}_2 \cap \mathfrak{m}_3 \supset \cdots$ は無限に続かないから，$\mathfrak{m}_1,\cdots,\mathfrak{m}_n$ が存在して $\mathfrak{m}_1 \cap \cdots \cap \mathfrak{m}_n = 0$ となる．$\mathfrak{m}_1,\cdots,\mathfrak{m}_n$ はすべて異なるとしてよい．このとき $\mathfrak{m}_i \not\supset (\mathfrak{m}_1 \cap \cdots \cap \mathfrak{m}_{i-1} \cap \mathfrak{m}_{i+1} \cap \cdots \cap \mathfrak{m}_n)$ となるから $\mathfrak{m}_i + (\mathfrak{m}_1 \cap \cdots \cap \mathfrak{m}_{i-1} \cap \mathfrak{m}_{i+1} \cap \cdots \cap \mathfrak{m}_n) = R$ を得る．したがって中国人剰余定理より
$$R \cong R/(0) \cong R/(\mathfrak{m}_1 \cap \cdots \cap \mathfrak{m}_n) \cong R/\mathfrak{m}_1 \oplus \cdots \oplus R/\mathfrak{m}_n$$
となる．$\mathfrak{m}_i$ は極大左イデアルだから $R/\mathfrak{m}_i$ は既約左 R-加群である．M を任意の左 R-加群，N をその部分加群とする．自由左 R-加群 F と全射準同形写像
$$F \longrightarrow M$$

が存在する．F は既約左 R-加群の直和だから，既約左 R-加群の準同型写像による像は 0 か既約左 R-加群であることを考慮すれば，M も既約左 R-加群の直和となり，$N \subset M = \oplus M_i$（M_i は既約）と書ける．よって，$\psi : M \to M/N$ を考えれば，M/N も既約左 R-加群の直和となる．したがって，$\{M_i\}$ から ψ で 0 にならないものを適当に選べば，ψ の切断を得る．よって，$0 \to N \to M \to M/N \to 0$ は分裂し，$M \cong N \oplus M/N$ となるから，すべての左 R-加群は完全可約となる．

(i) $\Rightarrow$ (v)：R-逆同型写像

$$\begin{array}{ccc} \mathrm{End}_R(R) & \cong & R \\ f & \mapsto & f(1) \end{array}$$

を考え，まず $\mathrm{End}_R(R)$ の構造を調べる．仮定から R-加群 R を考えれば，R は極小左イデアル，すなわち，既約 R-部分加群の直和になる．直和因子で互いに同型でないものを $\mathfrak{m}_1, \mathfrak{m}_2, \cdots, \mathfrak{m}_r$，それらの重複度をそれぞれ $\ell_1, \ell_2, \cdots, \ell_r$ とする．左イデアル $\mathfrak{m}$ の ℓ 個の直和を $\mathfrak{m}^{\oplus \ell}$ と書けば，

$$R \cong \mathfrak{m}_1^{\oplus \ell_1} \oplus \cdots \oplus \mathfrak{m}_r^{\oplus \ell_r}$$

の形となる．$i \neq j$ なら $\mathrm{Hom}_R(\mathfrak{m}_i, \mathfrak{m}_j) = 0$ で，シューアの補題より $\mathrm{End}_R(\mathfrak{m}_i) = D_i$ は斜体である．$\mathrm{End}_R(\mathfrak{m}_i^{\oplus \ell_i}) = M(\ell_i, D_i)$ となるから，

$$\mathrm{End}_R(R) \cong M(\ell_1, D_1) \times \cdots \times M(\ell_r, D_r)$$

を得る．$M(\ell_i, D_i)$ は転置行列をとることによって自分自身に逆同型だから求める結果を得る． ∎

注意 4.3.13 G を位数 g の有限群，k を標数が g と互いに素な体とすれば，群環 $k[G]$ が半単純環になることはすでに述べた（マシュケの定理（定理 3.3.6））．したがって，群環 $k[G]$ は定理 4.3.12(v) に与えられたような形の結合多元環となる．

定理 4.3.12 の特別な場合として次の系を得る．

系 4.3.14 環 R について次の 3 条件は同値である．
(i) アルティン的単純環である．

(ii) ある斜体 D 上の全行列環 $M(n,D)$ と同型である.

(iii) 極小左イデアルは互いに同型であり,R は極小左イデアルの直和として表される.

章末問題

(1) 可換環 R のイデアル $\mathfrak{a}$ に対し,
$$\sqrt{\mathfrak{a}} = \{a \in R \mid 自然数\ n\ で\ a^n \in \mathfrak{a}\ となるものが存在する\}$$
とおき, $\mathfrak{a}$ の**根基** (radical) という. 根基は R のイデアルになり, 次の性質を持つことを示せ.
  (i) $\sqrt{\sqrt{\mathfrak{a}}} = \sqrt{\mathfrak{a}}$.
  (ii) イデアル $\mathfrak{a}, \mathfrak{b}$ に対し, $\sqrt{\mathfrak{a} \cap \mathfrak{b}} = \sqrt{\mathfrak{a}} \cap \sqrt{\mathfrak{b}}$.

(2) R を可換環, $\mathfrak{q}\ (\neq R)$ をそのイデアルとする. $a, b \in R$ に対し,
$$ab \in \mathfrak{q},\ a \notin \mathfrak{q}\ ならば, ある自然数\ n\ があって\ b^n \in \mathfrak{q}$$
が成り立つとき, $\mathfrak{q}$ を**準素イデアル** (primary ideal) という. $\mathfrak{q}$ を準素イデアルとすれば, $\sqrt{\mathfrak{q}}$ は $\mathfrak{q}$ を含む最小の素イデアルであることを示せ.

(3) m, n を自然数とする. 体 k を係数とする 2 変数多項式環 $k[X, Y]$ において, イデアル $\mathfrak{a} = (X^m, Y^n)$ は準素イデアルであることを示せ. また, このイデアルが素イデアルになるような m, n を求めよ.

(4) n を 2 以上の自然数とし, 体 k 上の 3 変数多項式環 $k[X, Y, Z]$ のイデアル $\mathfrak{a} = (X, Y + Z^2, XY - Z^n)$ を考える. $\mathfrak{a}$ は準素イデアルであるが素イデアルではないことを示せ.

(5) 環 R のイデアル $\mathfrak{a}$ で, 根基 $\sqrt{\mathfrak{a}}$ は素イデアルであるが, $\mathfrak{a}$ は準素イデアルではない例を構成せよ.

(6) $\mathfrak{a}, \mathfrak{b}$ を可換なネーター環 R のイデアルとするとき, 次を満たす整数 k が存在することを示せ (アルティン・リースの定理). k 以上の任意の整数 i に対し
$$\mathfrak{a}^i \cap \mathfrak{b} = \mathfrak{a}^{i-k}(\mathfrak{a}^k \cap \mathfrak{b}).$$

(7) $\mathfrak{m}$ を可換なネーター局所環 R の極大イデアルであるとする. このとき,
$$\bigcap_{i \geq 1} \mathfrak{m}^i = 0$$
となることを示せ.

(8) 左アルティン環 R 上の有限生成加群 M はアルティン的であることを示せ．

(9) $\sqrt{(0)}$ を R の**べき零根基** (nilradical) という．R を可換なアルティン環とすれば，$\mathrm{rad}(R) = \sqrt{(0)}$ であることを示せ．

(10) R を 1 を持つ可換環，M を有限生成 R-加群とする．I を R のイデアルとし，$IM = M$ が成り立つとすれば，$R = I + \mathrm{Ann}(M)$ となることを示せ．また，M が有限生成でないときはどうか．

(11) 極小条件を満たす加群 M は有限個の直既約加群の直和に分解することを示せ．

(12) $\mathbf{C}$ 上の有限次元単純多元環 R は全行列環 $M(n, \mathbf{C})$ に限ることを示せ．

(13) $\mathbf{H} = \mathbf{R} + \mathbf{R}i + \mathbf{R}j + \mathbf{R}k$ をハミルトンの 4 元数体とするとき $\mathbf{H} \otimes_{\mathbf{R}} \mathbf{C} \cong M(2, \mathbf{C})$ となることを示せ．

(14) 結合多元環で斜体になるものを**多元体** (quaternion algebra) という．多元体 D と逆同型な多元体を D° と書く．体 K 上の多元体 D の中心が K と一致するならば，ある自然数 n が存在して $D \otimes_{\mathbf{R}} D^\circ \cong M(n, K)$ となることを示せ．

(15) D_1, D_2 を斜体，$M(m, D_1) \cong M(n, D_2)$ とすれば，$m = n$ かつ $D_1 \cong D_2$ であることを示せ．

問題の略解

第1章

(1) 加群の定義を満たすことを確認すればよい.

(2) $a, b \in J$ とすれば, $(a+b)M \subset aM + bM \subset N + N = N$ より, $a + b \in J$. $a \in J, r \in R$ ならば $raM \subset rN \subset N$ より $ra \in J$.

(3) 生成元を $a_1/b_1, a_2/b_2, \cdots, a_n/b_n$ とする. ここに, $a_1, \cdots, a_n, b_1, \cdots, b_n$ は自然数で, 2数 a_i, b_i ($i = 1, 2, \cdots, n$) は互いに素であるとしてよい. $b_1, \cdots, b_n$ をどれも割り切らない素数 p をとる. このとき, $\mathbf{Z}(a_1/b_1) + \mathbf{Z}(a_2/b_2) + \cdots + \mathbf{Z}(a_n/b_n)$ は $1/p$ を含みえない.

(4) N の生成元を $n_1, n_2, \cdots, n_k$ とする. M/N の生成元の M における代表元を $m_1, m_2, \cdots, m_\ell$ とする. これら $k + \ell$ 個の元で生成される M の部分加群を M' とすれば, M' は有限生成である. 任意の $x \in M$ を M/N で考えれば, $a_i \in R$ が存在して $\sum a_i m_i \equiv x \pmod{N}$. ゆえに, $x - (\sum a_i m_i) \in N$ より, この元は $n_1, n_2, \cdots, n_k$ の線形結合で書ける. ゆえに, $x \in M'$ となり $M = M'$. したがって, M は有限生成.

(5) 完全系列 $0 \to M \cap N \to M \to M/(M \cap N) \to 0$ において, $M/(M \cap N) \cong (M + N)/N$ だから, $M/(M \cap N)$ は有限生成. $M \cap N$ は有限生成だから問題 (4) より M も有限生成. N も同様.

(6) $\mathrm{Ann}(m)$ がその集合の中で極大であるとする. $\mathrm{Ann}(m)$ が素イデアルでなければ, $x, y \notin \mathrm{Ann}(m)$ で $xy \in \mathrm{Ann}(m)$ を満たす $x, y \in R$ が存在する. このとき, $xym = 0$ かつ $xm \neq 0, ym \neq 0$. したがって, $\mathrm{Ann}(m) \subset \mathrm{Ann}(ym)$ で $x \notin \mathrm{Ann}(m), x \in \mathrm{Ann}(ym)$ だから, $\mathrm{Ann}(m)$ の極大性に反する.

(7) $\mathfrak{p}$.

(8) $r_1 \notin \mathfrak{p}_1, r_1 \in \mathfrak{p}_2$ なら $\mathrm{Ann}(r_1) = \mathfrak{p}_1$. $r_2 \in \mathfrak{p}_1, r_2 \notin \mathfrak{p}_2$ なら $\mathrm{Ann}(r_2) = \mathfrak{p}_2$. $r_3 \notin \mathfrak{p}_1, r_3 \notin \mathfrak{p}_2$ なら $\mathrm{Ann}(r_3) = \mathfrak{p}_1 \cap \mathfrak{p}_2$.

(9) この準同型写像 f は, 1 の行き先 $f(1)$ で決まる. よって, 写像 $f \mapsto f(1)$ を考えれば, 同型写像となる.

(10) $f \in \mathrm{Hom}_{\mathbf{Z}}(\mathbf{Z}/m\mathbf{Z}, \mathbf{Z}/n\mathbf{Z})$ をとる. 任意の $a \in \mathbf{Z}/m\mathbf{Z}$ に対し, $mf(a) =$

$f(am) = f(0) = 0$. 他方, m, n は互いに素だから, m は $\mathbf{Z}/n\mathbf{Z}$ で単元となり $f(a) = 0$. ゆえに, $f = 0$.

(11) $f \in \mathrm{Hom}_R(M, N)$ をとる. 零でない任意の $m \in M$ をとる. M はねじれ加群だから $r \in R, r \neq 0$ が存在して, $rm = 0$ となる. $rf(m) = f(rm) = f(0) = 0$ であるが, N は整域上の自由 R-加群だから 0 以外にねじれ元はなく, $f(m) = 0$ となる. よって, f は零写像となる.

(12) V の任意の元 $v = a_1 v_1 + \cdots + a_n v_n$ に対し, $w_1 = ((a_1 + a_2 + \cdots + a_n)/n)(v_1 + \cdots + v_n)$, $w_2 = v - w_1$ とおけば, $v = w_1 + w_2$ で, $w_1 \in W_1$, $w_2 \in W_2$ となる. よって, $V = W_1 + W_2$. $v \in W_1 \cap W_2$ をとる. $v \in W_1$ より $a \in k$ があって $v = a(v_1 + \cdots + v_n)$ と書ける. $v \in W_2$ だから $na = 0$. ゆえに, $a = 0$, すなわち $v = 0$ を得る. よって直和.

(13) $V, 0$ は部分加群. その他の部分加群は k 上 1 次元である. よって, $v \in V$ が存在して kv の形をしている. これが $k[G]$-部分加群であるためには v は行列 A の固有ベクトルでなければならない. ゆえに残る部分加群は $k^t(1, 0)$ だけである.

(14) $M_2 \cong f(M_1) \oplus M_1'$ なる分解があれば, M_1 と $f(M_1)$ は同型だから, その同型写像を φ, 第 1 因子への射影を pr_1 とするとき, $\mu = \varphi^{-1} \circ pr_1$ とおけばよい. 逆にそのような μ があれば, $\mathrm{Ker}\, \mu = N$ とおく. 任意の $x \in M_2$ に対し $y = x - f \circ \mu(x)$ とおけば, $y \in N$. よって, $M_2 = f(M_1) + N$. $x \in f(M_1) \cap N$ をとれば, $y \in M_1$ が存在して $x = f(y)$. ゆえに, $0 = \mu(x) = \mu \circ f(y) = \mathrm{id}(y) = y$ より $x = 0$ を得る. よって, $M_2 = f(M_1) \oplus N$.

(15) 自然な準同形写像 $(M_1 \oplus M_2) \to M_1/N_1 \oplus M_2/N_2$ は全射であり, その核は $N_1 \oplus N_2$. よって, 準同型定理により結果を得る.

(16) $M \oplus N$ の第 1 成分への射影を pr_1, 第 2 成分への射影を pr_2 とする. $\mathrm{Hom}_R(L, M \oplus N)$ の元 f に対し, $pr_1 \circ f \oplus pr_2 \circ f$ を対応させる. 逆に $\mathrm{Hom}_R(L, M) \oplus \mathrm{Hom}_R(L, N)$ の元 $g \oplus h$ に対し, $(g, h)(u) = g(u) \oplus h(u)$ $(u \in L)$ なる写像 (g, h) を対応させる. この対応は互いに他の逆写像となる. $\mathrm{Hom}_R(L \oplus M, N)$ の元 f に対し, L への制限を f_1, M への制限を f_2 とする. f に $f_1 \oplus f_2$ を対応させる. 逆に $\mathrm{Hom}_R(L, N) \oplus \mathrm{Hom}_R(M, N)$ の元 $g \oplus h$ に写像 $u \oplus v \mapsto g(u) + h(v)$ $(u \in L, v \in M)$ を対応させる. この対応は互いに他の逆写像である.

(17) $\mathrm{Hom}_R(M_3, N) \ni h_3$ が $g_N(h_3) = h_3 \circ g = 0$ を満たすとする. g は全射ゆえ任意の $x \in M_3$ に対し $h_3(x) = 0$ となる. ゆえに, $h_3 = 0$ で g_N は単射. $g \circ f = 0$ より $f_N \circ g_N = 0$ を得る. $\mathrm{Hom}_R(M_2, N) \ni h_2$ が $f_N(h_2) = h_2 \circ f = 0$ を満たすとする. $f(M_1) = \mathrm{Ker}\, g$ 上で h_2 は零写像となり, $M_2/f(M_1) \cong M_3$ だか

ら，h_2 は $h \in \mathrm{Hom}_R(M_3, N)$ で，$h \circ g = h_2$ となる写像を誘導する．よって，$\mathrm{Ker}\, f_N = \mathrm{Im}\, g_N$．

(18) $\mathrm{Hom}_R(M, N_1) \ni h_1$ が $f^M(h_1) = f \circ h_1 = 0$ を満たすとする．f は単射ゆえ任意の $x \in M$ に対し $h_1(x) = 0$ となる．ゆえに，$h_1 = 0$ で f^M は単射．$g \circ f = 0$ より $g^M \circ f^M = 0$ を得る．$\mathrm{Hom}_R(M, N_2) \ni h_2$ が $g^M(h_2) = g \circ h_2 = 0$ を満たすとする．このとき，$\mathrm{Im}\, h_2 \subset \mathrm{Ker}\, g = \mathrm{Im}\, f$．よって，$h_2$ は $h \in \mathrm{Hom}_R(M, N_1)$ で，$f \circ h = h_2$ となる写像を誘導する．よって，$\mathrm{Ker}\, g^M = \mathrm{Im}\, f^M$．

(19) 入射 $f : 2\mathbf{Z} \to \mathbf{Z}$ に対し，$f_{\mathbf{Z}} : \mathrm{Hom}_{\mathbf{Z}}(\mathbf{Z}, \mathbf{Z}) \to \mathrm{Hom}_{\mathbf{Z}}(2\mathbf{Z}, \mathbf{Z})$ は全射ではない．標準的準同型写像 $g : \mathbf{Z} \to \mathbf{Z}/2\mathbf{Z}$ に対し $g^{\mathbf{Z}/2\mathbf{Z}} : \mathrm{Hom}_{\mathbf{Z}}(\mathbf{Z}/2\mathbf{Z}, \mathbf{Z}) \to \mathrm{Hom}_{\mathbf{Z}}(\mathbf{Z}/2\mathbf{Z}, \mathbf{Z}/2\mathbf{Z})$ は全射ではない．

(20) $M_3 \ni x$ が $\varphi_3(x) = 0$ を満たすとする．$\varphi_4 \circ f_3(x) = g_3 \circ \varphi_3(x) = 0$ で φ_4 は同型写像だから $f_3(x) = 0$．よって，1 行目の完全性から $x_2 \in M_2$ があって $f_2(x_2) = x$．$g_2 \circ \varphi_2(x_2) = \varphi_3 \circ f_2(x_2) = 0$ だから 2 行目の完全性から $y_1 \in N_1$ が存在して $g_1(y_1) = \varphi_2(x_2)$．$\varphi_1$ は同型写像だから，$x_1 \in M_1$ が存在して $\varphi_1(x_1) = y_1$．$\varphi_2 \circ f_1(x_1) = g_1 \circ \varphi_1(x_1) = \varphi_2(x_2)$ であるが，φ_2 は同型写像であるから $f_1(x_1) = x_2$ となる．よって，$x = f_2(x_2) = f_2 \circ f_1(x_1) = 0$ を得る．よって，φ_3 は単射．$y \in N_3$ をとる．φ_4 は同型写像だから $x_4 \in M_4$ が存在して $\varphi_4(x_4) = g_3(y)$ となる．$\varphi_5 \circ f_4(x_4) = g_4 \circ \varphi_4(x_4) = g_4 \circ g_3(y) = 0$ で φ_5 は同型写像だから，$f_4(x_4) = 0$．よって 1 列目の完全性から $x_3 \in M_3$ が存在して $f_3(x_3) = x_4$．$g_3 \circ \varphi_3(x_3) = \varphi_4 \circ f_3(x_3) = g_3(y)$ だから $y - \varphi_3(x_3) \in \mathrm{Ker}\, g_3$．2 行目の完全性から $y_2 \in N_2$ が存在して $g_2(y_2) = y - \varphi_3(x_3)$．$\varphi_2$ は同型写像だから x_2 が存在して $\varphi_2(x_2) = y_2$．このとき $\varphi_3(f_2(x_2) + x_3) = g_2 \circ \varphi_2(x_2) + \varphi_3(x_3) = g_2(y_2) + \varphi_3(x_3) = y$．よって，$\varphi_3$ は全射．

(21) (I), (II) が完全系列であるとする．$x_3 \in L_3$ をとる．第 3 列の完全性より $y_3 \in N_3$ で $\psi_3(y_3) = x_3$ となるものがある．g_2 は全射ゆえ，$y_2 \in N_2$ で $g_2(y_2) = y_3$ となるものが存在する．このとき，$h_2 \circ \psi_2(y_2) = \psi_3 \circ g_2(y_2) = x_3$．よって，$h_2$ は全射．$x_1 \in L_1$ が $h_1(x_1) = 0$ を満たすとする．ψ_1 は全射だから $y_1 \in N_1$ があって $\psi_1(y_1) = x_1$．また，$\psi_2 \circ g_1(y_1) = h_1 \circ \psi_1(y_1) = 0$．よって，第 2 列の完全性から $z_2 \in M_2$ で $\varphi_2(z_2) = g_1(y_1)$ となるものがある．$\varphi_3 \circ f_2(z_2) = g_2 \circ \varphi_2(z_2) = g_2 \circ g_1(y_1) = 0$ であるが，φ_3 は単射だから，$f_2(z_2) = 0$．よって，$z_1 \in M_1$ があって $f_1(z_1) = z_2$．$\varphi_2 \circ f_1(z_1) = g_1 \circ \varphi_1(z_1) = g_1(y_1)$ であるが，g_1 は単射だから $\varphi_1(z_1) = y_1$．よって，$x_1 = \psi_1 \circ \varphi_1(z_1) = 0$ となり，h_1 は単射．また，任意の $x_1 \in L_1$ をとれば，ψ_1 は全射だから，$y_1 \in N_1$ が存在して $\psi_1(y_1) = x_1$．ゆえに，$h_2 \circ h_1(x_1) = h_2 \circ h_1 \circ \psi_1(y_1) = \psi_3 \circ g_2 \circ g_1(y_1)$．

$g_2 \circ g_1$ は零写像だから $h_2 \circ h_1(x_1) = 0$. ゆえに, $\mathrm{Im}\, h_1 \subset \mathrm{Ker}\, h_2$. $x_2 \in L_2$ が $h_2(x_2) = 0$ を満たすとする. ψ_2 は全射だから $y_2 \in N_2$ が存在して $\psi_2(y_2) = x_2$. このとき, $\psi_3 \circ g_2(y_2) = h_2 \circ \psi_2(y_2) = 0$. よって, $z_3 \in M_3$ が存在して $\varphi_3(z_3) = g_2(y_2)$. f_2 は全射だから $z_2 \in M_2$ が存在して $f_2(z_2) = z_3$ となる. このとき $g_2(y_2 - \varphi_2(z_2)) = 0$ となるから $y_1 \in N_1$ が存在して $g_1(y_1) = y_2 - \varphi_2(z_2)$. ゆえに, $h_1 \circ \psi_1(y_1) = \psi_2 \circ g_1(y_1) = \psi_2(y_2 - \varphi_2(z_2)) = \psi_2(y_2) = x_2$. よって, $\mathrm{Ker}\, h_2 = \mathrm{Im}\, h_1$. 以上から (III) は完全系列. 後半も同様.

(22) 完全系列になるとは限らない. R を環とするとき

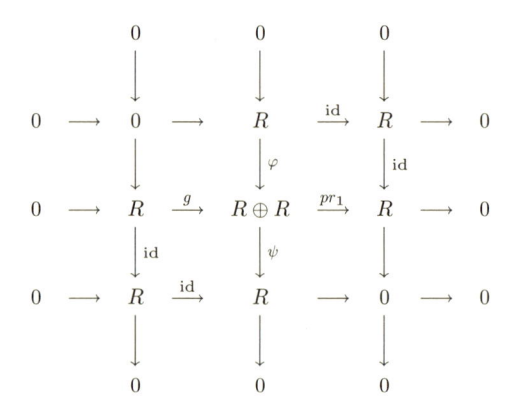

$$
\begin{array}{ccccccccc}
& & 0 & & 0 & & 0 & & \\
& & \downarrow & & \downarrow & & \downarrow & & \\
0 & \longrightarrow & 0 & \longrightarrow & R & \stackrel{\mathrm{id}}{\longrightarrow} & R & \longrightarrow & 0 \\
& & \downarrow & & \downarrow \varphi & & \downarrow \mathrm{id} & & \\
0 & \longrightarrow & R & \stackrel{g}{\longrightarrow} & R \oplus R & \stackrel{pr_1}{\longrightarrow} & R & \longrightarrow & 0 \\
& & \downarrow \mathrm{id} & & \downarrow \psi & & \downarrow & & \\
0 & \longrightarrow & R & \stackrel{\mathrm{id}}{\longrightarrow} & R & \longrightarrow & 0 & \longrightarrow & 0 \\
& & \downarrow & & \downarrow & & \downarrow & & \\
& & 0 & & 0 & & 0 & &
\end{array}
$$

において, $x, y \in R$ に対し $\varphi : x \mapsto x \oplus x$, $\psi : x \oplus y \mapsto x - y$, $g : x \mapsto x \oplus 0$ と準同型写像を定義すると反例になる. 第 2 行が複体なら (I), (III) が完全系列なら (II) も完全系列になる.

(23) $x \in \mathrm{Ker}\, h$ をとる. $x_1 \in M_1$ で, $\psi_1(x_1) = h_1(x)$ となるものが存在する. $\psi_2 \circ g(x_1) = h \circ \psi_1(x_1) = 0$ より, $x_2 \in L_2$ で $\varphi_2(x_2) = g(x_1)$ となるものが存在する. $\theta(x) = f_2(x_2)$ と定義すると, R-準同型写像がうまく定義できて, 求める完全系列を得る.

(24) $x \in \mathrm{Im}\, \beta$ をとる. $y \in M_1$ が存在して, $x = \beta(y)$ となる. $j(y) \in \mathrm{Im}\, j = \mathrm{Ker}\, k$ を用いて R-準同型写像 $\varphi : \mathrm{Im}\, \beta / \mathrm{Im}\, i' \to \mathrm{Ker}\, k / \mathrm{Ker}\, \gamma$ が $\varphi(\bar{x}) = \overline{j(y)}$ によってうまく定義できる. 逆に, $z \in \mathrm{Ker}\, k = \mathrm{Im}\, j$ をとれば, $w \in M_1$ が存在して, $j(w) = z$ となる. R-準同型写像 $\psi : \mathrm{Ker}\, k / \mathrm{Ker}\, \gamma \to \mathrm{Im}\, \beta / \mathrm{Im}\, i'$ が $\psi(\bar{z}) = \overline{\beta(w)}$ によってうまく定義できる. このとき, φ と ψ は互いに他の逆写像となる.

(25) $\mathrm{Im}\, \varphi' \ni x$ をとる. $y \in M$ で $\varphi'(y) = x$ となるものがある. 構成すべき写像として $\theta : x + \mathrm{Im}\, \varphi \mapsto \psi'(y) + \mathrm{Im}\, \psi$ を考える. 縦が完全系列であることからこの写像は定義できる. 図式の対称性から, 逆の操作で逆写像が同様に定義でき

るので，この写像は同型写像になる．
(26) N, L が有限表示であるから，完全系列
$$R^{n_1} \xrightarrow{\psi_1} R^{m_1} \xrightarrow{\varphi_1} N \longrightarrow 0,$$
$$R^{n_2} \xrightarrow{\psi_2} R^{m_2} \xrightarrow{\varphi_2} L \longrightarrow 0$$
が存在する．R^{m_1} の基底の行き先をうまく選べば，R-準同型写像 $\varphi: R^{m_1} \to M$ で $\varphi_1 = \pi \circ \varphi$ となるようなものが存在する．このとき，$\mathrm{Im}\,(\varphi \circ \psi_1) \subset \mathrm{Ker}\,\pi = \mathrm{Im}\,\iota$ だから，$\psi: R^{n_1} \to R^{m_2}$ で $\iota \circ \varphi_2 \circ \psi = \varphi \circ \psi_1$ となるものが存在する．$R^{n_1} \times R^{n_2} \xrightarrow{g} R^{m_1} \times R^{m_2} \xrightarrow{f} M \to 0$ を $g: (x, y) \mapsto (\psi_1(x), \psi(x) - \psi_2(y))$, $f: (x, y) \mapsto \varphi(x) - \iota \circ \varphi_2(y)$ によって定義すれば，完全系列となる．よって，M も有限表示．

(27) N が有限表示であるから，完全系列
$$R^n \xrightarrow{\psi_1} R^m \xrightarrow{\varphi_1} N \longrightarrow 0$$
が存在する．前問のように，$\varphi: R^m \to M$ で $\varphi_1 = \pi \circ \varphi$ となるようなものが存在する．$M_1 = \mathrm{Im}\,\varphi$, $M_2 = \mathrm{Im}\,\varphi \circ \psi_1$ とおけば，$M_1/M_2 \cong N$ だから，完全系列
$$0 \to L/M_2 \longrightarrow M/M_2 \longrightarrow N \to 0$$
は分裂する．よって，$(M/M_2)/(M_1/M_2) \cong L/M_2$．左辺は有限生成ゆえ L/M_2 も有限生成．M_2 は有限生成ゆえ L も有限生成．

(28) M の生成元の個数 n に関する帰納法．$n = 1$ ならば $M = Rx$．部分加群 $N \subset M$ をとり，$I = \{r \in R \mid rx \in N\}$ とおけば，I は R のイデアル．R は単項イデアル環だから $I = (a)$．よって $N = Rax$ で有限生成．$n-1$ まで結果が成立するとして，$M = \sum_{i=1}^{n} Rx_i$ のときを考える．$M_1 = \sum_{i=1}^{n-1} Rx_i$ とおき，自然な写像 $\varphi: M \to M/M_1$ を考える．$\varphi(N) = 0$ ならば，$N \subset M_1$ だから帰納法の仮定によって N は有限生成．$N \cap M_1$ は帰納法の仮定によって有限生成．M/M_1 は 1 個の元で生成されるから，先と同様にして $\varphi(N) = Ra\bar{x}_n$ $(a \in I)$ と書ける．$\varphi(y) = a\bar{x}_n$ となる元 $y \in N$ をとれば，N は有限生成な $N \cap M_1$ と y で生成されるから N は有限生成．

(29) (i) $1, 2, 12$, (ii) $1, 8$, (iii) $1, 2, 4$.

(30) $a^2 + b^2$.

(31) (i) $\mathbf{Z}/30\mathbf{Z}$, (ii) 単因子で表記する．$(2, 2, 2, 18)$, $(2, 2, 6, 6)$, $(2, 2, 36)$, $(2, 6, 12)$, $(2, 72)$, $(6, 24)$, $(4, 36)$, $(3, 48)$, $(12, 12)$, (144) の 10 種類． (iii) $\mathbf{Z}/5\mathbf{Z} \times \mathbf{Z}/5\mathbf{Z} \times \mathbf{Z}/30\mathbf{Z}$, $\mathbf{Z}/5\mathbf{Z} \times \mathbf{Z}/150\mathbf{Z}$, $\mathbf{Z}/750\mathbf{Z}$ の 3 種類．

(32) $(\mathbf{Z}/p\mathbf{Z})^4$, $(\mathbf{Z}/p\mathbf{Z})^2 \times \mathbf{Z}/p^2\mathbf{Z}$, $\mathbf{Z}/p\mathbf{Z} \times \mathbf{Z}/p^3\mathbf{Z}$, $\mathbf{Z}/p^2\mathbf{Z} \times \mathbf{Z}/p^2\mathbf{Z}$, $\mathbf{Z}/p^4\mathbf{Z}$ の 5 種類.

(33) x, y, z が整数で $2x + 3y + 4z = 0$ とすれば, y は 2 で割り切れる. $y = 2w$ とおけば, $x + 3w + 2z = 0$ を得る. よって, $\mathrm{Ker}\,\varphi$ の元は w, z を任意の整数として $(-3w - 2z, 2w, z) = w(-3, 2, 0) + z(-2, 0, 1)$ の形. よって, 求める基底は $(-3, 2, 0), (-2, 0, 1)$.

(34) ユニモジュラー変換で基底を取り替えても指数は変わらないから, 行列 $(v_1, \cdots, v_n)$ を基本変形して単因子 $e_1, e_2, \cdots, e_n$ を得たとする. このとき, 指数は $e_1 e_2 \cdots e_n$ である. よって指数は $\det(v_1, v_2, \cdots, v_n)$ に等しい.

(35) $(2x + 3y + 4z, 4x + 5z) = (2, 4)x + (3, 0)y + (4, 5)z$ だから, $\mathrm{Im}\,\varphi$ は $(2, 4), (3, 0), (4, 5)$ の 3 個のベクトルで生成される. ユニモジュラー行列で変換しても指数は変わらないから, 行列 $\begin{pmatrix} 2 & 3 & 4 \\ 4 & 0 & 5 \end{pmatrix}$ を基本行列で変換して単因子を求めると, $1, 3$ が単因子となる. よって指数は $1 \times 3 = 3$.

(36) k を体とし, V を k の可算無限個の直和とする. 基底の濃度を比べれば, $V \cong V \oplus V$. $R = \mathrm{Hom}_k(V, V)$ とおく. このとき, R-加群の同型写像 $R \cong \mathrm{Hom}_k(V, V) \cong \mathrm{Hom}_k(V \oplus V, V) \cong \mathrm{Hom}_k(V, V) \oplus \mathrm{Hom}_k(V, V) \cong R \oplus R$ を得る.

(37) 2 倍写像の核に含まれる元数を比べれば, それぞれ 4 と 2. よって同型ではない.

(38) R が斜体ならすべての左 R-加群が自由 R-加群になるのは体上の加群の場合と同様である. R の極大左イデアル I を考える. R/I は単純左 R-加群だから, それが自由 R-加群ならば $R/I \cong R$. 右辺も単純のはずだから $I = 0$. よって, R は斜体.

(39) 零ではないイデアル I をとる. $a + b\sqrt{-1} \in I$ を零でない元とすれば, $a^2 + b^2 = (a - b\sqrt{-1})(a + b\sqrt{-1}) \in I$ だから I は自然数を含む. I に含まれる自然数で最小のものを α とする. $a + b\sqrt{-1} \in \mathbf{Z}[\sqrt{-1}]$ ($b \ne 0$) に対し $(a + b\sqrt{-1})\alpha \in I$ より $\sqrt{-1}$ の係数が零でない I の元が存在する. $\sqrt{-1}$ の係数が負の数ならば, -1 倍を考えれば $\sqrt{-1}$ の係数が正になる元を I は含む. その係数が正の最小の I の元 $\beta + \gamma\sqrt{-1}$ をとる. 単項イデアル整域についての標準的な議論によって, I に含まれる整数は α の倍数であり, I に含まれる複素数 $a + b\sqrt{-1}$ をとれば, b は γ の倍数になる. よって, 任意の $z = a + b\sqrt{-1} \in I$ ($b \ne 0$) をとれば, 整数 m が存在して $b = \gamma m$ となり, $(a + b\sqrt{-1}) - m(\beta + \gamma\sqrt{-1}) \in I$ より整数 n が存在して $a - m\beta = n\alpha$. よって, $z = n\alpha + m(\beta + \gamma\sqrt{-1})$ となる.

ゆえに，$\mathbf{Z}[\sqrt{-1}]$ は $\alpha, \beta + \gamma\sqrt{-1}$ を基底とする階数 2 の自由 $\mathbf{Z}$-加群．

(40) 「R を単項イデアル整域とする．M を有限生成自由 R-加群，N を M の R-部分加群とする．このとき，M の基底 $u_1, \cdots, u_n$ と N の基底 $v_1, \cdots, v_m$ ($m \le n$) が存在して，$v_i = \varepsilon_i u_i$ ($\varepsilon_i \in R$; $i = 1, \cdots, m$) となり，さらに $\varepsilon_i \mid \varepsilon_{i+1}$ ($i = 1, 2, \cdots, m-1$) となるようにできる．」証明には，基本行列として $P_n(i,j)$ と，$Q_n(i; -1)$ の代わりに (i,i) 成分に R の任意の単元 $\lambda \in R$ を入れたもの $Q_n(i; \lambda)$ をとる．さらに，$R_n(i,j;c)$ の代わりに次のような行列を考える：$\alpha, \beta \in R$ に対し，それらで生成されるイデアルを考えれば，R は単項イデアル整域だから，$\gamma \in R$ が存在して $(\alpha, \beta) = (\gamma)$ となる．このとき，$\mu, \nu \in R$ が存在して，$\gamma = \mu\alpha + \nu\beta$ となる．単項イデアル整域は一意分解整域だから $\alpha/\gamma = \xi \in R$, $\beta/\gamma = \eta \in R$ より，$1 = \mu\xi + \nu\eta$ を得る．そこで，任意の $\alpha, \beta \in R$ に対し，この操作を行い，対角成分が (i,i) 成分と (j,j) 成分を除いて 1, (i,i) 成分が μ, (j,j) 成分が ξ, (i,j) 成分 $(i \ne j)$ が ν, (j,i) 成分が $-\eta$ で，他の成分がすべて 0 である行列

$$R_n(i,j;\alpha,\beta) = \begin{pmatrix} 1 & & & & & & & \\ & 1 & & & & & \text{\huge 0} & \\ & & \ddots & & & & & \\ & & & \mu & & \nu & & \\ & & & & \ddots & & & \\ & & & -\eta & & \xi & & \\ & \text{\huge 0} & & & & & \ddots & \\ & & & & & & & 1 \end{pmatrix}$$

をとる．この 3 種の行列 $P_n(i,j)$, $Q_n(i;\lambda)$, $R_n(i,j;\alpha,\beta)$ を用いて $\mathbf{Z}$ 係数の場合のように帰納法で単因子論を証明し，適用すればよい．

第 2 章

(1) m, n は互いに素だから，$\mathbf{Z}/m\mathbf{Z}$ における n の逆元を n' とする．生成元がすべて 0 であることを示せばよいから，任意の $a \otimes b$ をとる．$a \otimes b = n'na \otimes b = n'a \otimes nb = n'a \otimes 0 = 0$ より $\mathbf{Z}/m\mathbf{Z} \otimes_{\mathbf{Z}} \mathbf{Z}/n\mathbf{Z} = 0$.

(2) $a, b, c, d \in R$, $b \ne 0, d \ne 0$ として，$a/b \otimes c/d = a/b \otimes bc/bd = ab/b \otimes c/bd = 1 \otimes ac/bd$ より，準同型写像 $K \to K \otimes_R K$, $a \mapsto 1 \otimes a$ が同型写像であること

がわかる.

(3) $M \otimes_R (R/\mathfrak{a}) \cong (M \otimes_R R)/(M \otimes_R \mathfrak{a}) \cong M/\mathfrak{a}M$.

(4) $M \times S^{-1}R \to S^{-1}M$ を $(m, r/s) \mapsto rm/s$ によって定義する. これは R-双線形写像であるから, R-準同型写像 $M \otimes_R S^{-1}R \to S^{-1}M$ を得る. 逆に $S^{-1}M \to M \otimes_R S^{-1}R$ を $m/s \mapsto m \otimes 1/s$ で定義すれば, この写像が逆写像となる.

(5) $x \in M$ に対し, $\text{Ann}(x) = \{r \in R \mid rx = 0\}$ を含む極大イデアル $\mathfrak{m}$ をとる. x が $M_\mathfrak{m}$ で 0 になるなら, $t \in R \setminus \mathfrak{m}$ が存在して $tx = 0$. これは, $t \in \text{Ann}(x) \subset \mathfrak{m}$ を意味し矛盾.

(6) $M_\mathfrak{p} = 0$ であることは, 各元 $m \in M$ に対し $rm = 0$ を満たす $r \in R \setminus \mathfrak{p}$ が存在することと同値である. M が有限生成だから, このことは $rM = 0$ となる $r \in R \setminus \mathfrak{p}$ が存在することと同値である. このことは, $\mathfrak{p} \not\supset \text{Ann}(M)$ と同値である.

(7) 問題 (4) を用いれば, $0 \to S^{-1}M_1 \to S^{-1}M_2$ が完全系列であることを示せば, その他の部分はテンソル積の一般的性質からの帰結である. $m \in M_1, s \in S$ に対し, m/s が $S^{-1}M_2$ で 0 になるとする. このとき, $t \in S$ が存在して $tm = 0$ が M_2 で成り立つ. もとの完全系列を用いれば, M_1 においても $tm = 0$. これは, $S^{-1}M_1$ において $m/s = 0$ を意味する.

(8) 前問 (7) より $0 \to M_1 \otimes_R R_\mathfrak{p} \to M_2 \otimes_R R_\mathfrak{p} \to M_3 \otimes_R R_\mathfrak{p} \to 0$ は完全系列になる. 結果はこれからしたがう.

(9) $S^{-1}M \otimes_{S^{-1}R} S^{-1}N \cong S^{-1}R \otimes_R M \otimes_{S^{-1}R} S^{-1}R \otimes_R N \cong S^{-1}R \otimes_R M \otimes_R N \cong S^{-1}(M \otimes_R N)$.

(10) $\mathfrak{p}$ を素イデアルとするとき, $(M \otimes_R N)_\mathfrak{p} \cong M_\mathfrak{p} \otimes_{R_\mathfrak{p}} N_\mathfrak{p}$ だから, $(M \otimes_R N)_\mathfrak{p} \neq 0$ ならば, $M_\mathfrak{p} \neq 0$ かつ $N_\mathfrak{p} \neq 0$. 逆を示すには, R を局所環として示せばよい. $\mathfrak{m}$ を R の唯一の極大イデアルとする. $M = \mathfrak{m}M$ と仮定する. M の生成元 $m_1, \cdots, m_n$ をとれば, $a_{ij} \in \mathfrak{m}$ が存在して, $m_i = \sum_j a_{ij} m_j$ と書ける. δ_{ij} をクロネッカーのデルタとすれば, $\sum_j (a_{ij} - \delta_{ij}) m_j = 0$ の係数行列 $(a_{ij} - \delta_{ij})$ の余因子行列を左からかけて, 任意の i について $(\det(a_{ij} - \delta_{ij})) m_i = 0$ を得る. $\det(a_{ij} - \delta_{ij}) \equiv 1 \mod \mathfrak{m}$ だから, $\det(a_{ij} - \delta_{ij})$ は単元で, したがって m_i はすべて 0 になり, $M = 0$ となる (第 4 章の中山の補題 (補題 4.3.5) 参照). よって, $M \neq 0$ ならば $M \neq \mathfrak{m}M$. ゆえに, $R/\mathfrak{m} \otimes_R M \cong M/\mathfrak{m}M \neq 0$. 同様に, $R/\mathfrak{m} \otimes_R N \neq 0$. これらは体 $R/\mathfrak{m}$ 上のベクトル空間だから, $R/\mathfrak{m} \otimes_R (M \otimes_R N) \cong (R/\mathfrak{m} \otimes_R M) \otimes_{R/\mathfrak{m}} (R/\mathfrak{m} \otimes_R N) \neq 0$. よって, $M \otimes_R N \neq 0$.

(11) 前半は明らか. 後半は, $S^{-1}(L \cap N) \subset S^{-1}L$, $S^{-1}(L \cap N) \subset S^{-1}N$ より

$S^{-1}(L \cap N) \subset S^{-1}L \cap S^{-1}M$. $x \in S^{-1}L \cap S^{-1}M$ をとる. $x = x_1/s_1 = x_2/s_2$ $(x_1 \in L, x_2 \in M, s_1, s_2 \in S)$ とすれば, $s \in S$ が存在して $ss_2x_1 = ss_1x_2 \in L \cap M$. よって, $x = ss_2x_1/ss_2s_1 \in S^{-1}(L \cap N)$.

(12) 十分性は明らか. 任意の極大イデアル $\mathfrak{m}$ に対して $f_\mathfrak{m}$ が同型写像なら, 任意の極大イデアル $\mathfrak{m}$ に対して $(\mathrm{Ker}\,f)_\mathfrak{m} = 0, (\mathrm{Coker}\,f)_\mathfrak{m} = 0$ が成立する. よって, 問題 (5) より $\mathrm{Ker}\,f = 0, \mathrm{Coker}\,f = 0$ を得る. これは f が同型写像であることを意味する.

(13) 仮定から, 自然数 n と全射準同型写像 $\pi: R^n \to M$ が存在する. $M' = \mathrm{Ker}\,\pi$ とおく.

$$\begin{array}{ccccc}
0 & \to & \mathrm{Hom}_R(M, N) \otimes_R L & \xrightarrow{\pi_N \otimes \mathrm{id}} & \mathrm{Hom}_R(R^n, N) \otimes_R L \\
& & \varphi_M \downarrow & & \varphi_{R^n} \downarrow \\
0 & \to & \mathrm{Hom}_R(M, N \otimes_R L) & \xrightarrow{\pi_N} & \mathrm{Hom}_R(R^n, N \otimes_R L) \\
& & & \xrightarrow{\iota_N \otimes \mathrm{id}} & \mathrm{Hom}_R(M', N) \otimes_R L \\
& & & & \varphi_{M'} \downarrow \\
& & & \xrightarrow{\iota_N} & \mathrm{Hom}_R(M', N \otimes_R L)
\end{array}$$

において, $\mathrm{Hom}_R(R^n, N) \cong N^n$ を用いれば φ_{R^n} は $N^n \otimes_R L \cong (N \otimes_R L)^n$ なる同型写像にほかならない. また, L は R-平坦だから第 1 行は完全系列である. よって, $\pi_N \circ \varphi_M = \varphi_{R^n} \circ (\pi_N \otimes \mathrm{id})$ より, φ_M は単射となり (i) が示せた. さらに, M が有限表示を持てば M' は有限生成である. よって (i) より $\varphi_{M'}$ は単射. また, 第 2 列は完全系列であるから, 5 項補題の証明と同様にして, φ_M は同型写像となる.

(14) $S^{-1}R$ は R 上平坦であるから, 問題 (13) を用いて $S^{-1}(\mathrm{Hom}_R(M, N)) \cong \mathrm{Hom}_R(M, S^{-1}N)$ となる. さらに, 右辺は $\mathrm{Hom}_{S^{-1}R}(S^{-1}M, S^{-1}N)$ と自然に R 上同型である.

(15) $A = (a_{ij}), B = (b_{ij})$ とし, 第 2 章第 1 節にあるような基底の標準的な並べ方をしてクロネッカー積を表示する. $\mathrm{Tr}(A \otimes B) = \sum_{i=1}^m a_{ii} \mathrm{Tr}\,B = (\sum_{i=1}^m a_{ii})(\mathrm{Tr}\,B) = (\mathrm{Tr}\,A)(\mathrm{Tr}\,B)$. 外積代数の考え方で $A \otimes B$ の行列式を扱う. a_{ij}, b_{ij} を変数として扱う. $e_1, \cdots, e_{mn}$ を mn 次元数ベクトル空間の標準基底とし

$$x_1 = a_{11}b_{11}e_1 + a_{11}b_{12}e_2 + \cdots + a_{11}b_{1n}e_n + a_{12}b_{11}e_{n+1} + \cdots + a_{1m}b_{1n}e_{mn}$$
$$\vdots$$
$$x_n = a_{11}b_{n1}e_1 + a_{11}b_{n2}e_2 + \cdots + a_{11}b_{nn}e_n + a_{12}b_{n1}e_{n+1} + \cdots + a_{1m}b_{nn}e_{mn}$$

$$\vdots$$
$$x_{mn} = a_{m1}b_{n1}e_1 + a_{m1}b_{n2}e_2 + \cdots + a_{m1}b_{nn}e_n + a_{m2}b_{n1}e_{n+1} + \cdots + a_{mm}b_{nn}e_{mn}$$

なるベクトルを導入すれば，$x_1 \wedge \cdots \wedge x_{mn} = \det(A \otimes B)e_1 \wedge \cdots \wedge e_{mn}$. 左辺の外積を n 個ずつ計算すれば，その各々の各項の係数は $\det B$ で割り切れる．よって，$x_1 \wedge \cdots \wedge x_{mn}$ の係数は $(\det B)^m$ で割り切れる．行列式は基底の取り方によらないから，A, B の役割を取り換えて $x_1 \wedge \cdots \wedge x_{mn}$ の係数は $(\det A)^n$ で割り切れる．よって，次数を考えれば $\det(A \otimes B) = c(\det A)^n(\det B)^m$（$c$ は定数）となる．A, B をともに単位行列にとって $c = 1$ を得る．ちなみに，この証明は行列式のラプラス展開を考えていることにあたっている．

(16) 線形写像を基底を定めて行列表示するとき，写像の合成には行列の積が対応する．この問題は，対応する写像で考えれば，そのテンソル積の性質から明らかである．

(17) 全射になることは各階数での全射性からしたがう．$x \in T^r(M), y \in T^s(M)$ に対し，$\mathcal{A}^{(r+s)}(x \otimes y) = \mathcal{A}^{(r+s)}(\mathcal{A}^{(r)}x \otimes y) = \mathcal{A}^{(r+s)}(x \otimes \mathcal{A}^{(s)}y)$ が成り立つ．よって，$\mathcal{A}(x \otimes y) = \mathcal{A}^{(r+s)}(x \otimes y) = \mathcal{A}^{(r+s)}(\mathcal{A}^{(r)}x \otimes \mathcal{A}^{(s)}y) = \mathcal{A}^{(r)}x \wedge \mathcal{A}^{(s)}y$. ゆえに，$\mathcal{A}$ は環の準同型写像．

(18) $x_1 = a_{11}e_1 + \cdots + a_{14}e_4, x_2 = a_{21}e_1 + \cdots + a_{24}e_4$ と基底の線形結合で表わせば，$\zeta_{ij} = \begin{vmatrix} a_{1i} & a_{1j} \\ a_{2i} & a_{2j} \end{vmatrix}$ となる．よって，この式を代入して結果を得る．逆に，関係式を満たす ζ_{ij} が与えられたとき，連立方程式 $\zeta_{ij} = \begin{vmatrix} a_{1i} & a_{1j} \\ a_{2i} & a_{2j} \end{vmatrix}$ において，たとえば $\zeta_{12} \neq 0$ とすれば，$a_{11} = 1, a_{22} = \zeta_{12}\, a_{12} = a_{21} = 0$ として，連立方程式を解いて x_1, x_2 を決めることができる．x_1, x_2 の張る部分空間 W が求めるもの．

(19) $\mathcal{S}^{(r)} : T^r(M) \to T^r(M)$ において，$N^r = (\mathrm{id} - \mathcal{S}^{(r)})T^r(M)$ とおけば，$\mathrm{Ker}\,\mathcal{S}^{(r)} \supset N^r$. $\mathcal{S}^{(0)} = \mathrm{id}$ として $\mathcal{S} = \sum_{r=0}^{\infty} \mathcal{S}^{(r)}$ とおき，環の準同型写像 $\mathcal{S} : T(M) \to S(M)$ を考えれば，$\mathrm{Ker}\,\mathcal{S} \supset I$ は明らか．$T(M)/I \to T(M)/\mathrm{Ker}\,\mathcal{S} \cong S(M)$ なる自然な写像を得る．$e_1, \cdots, e_n$ を M の基底とすれば，$T(M)/I$ においては 2 元の積は可換であり，$T(M)/I$ は $\bar{e}_1, \cdots, \bar{e}_n$ を変数とする k 上の多項式環となる．よって，多項式環 $S(M)$ と自然に同型．

(20) M が平坦ではないとすると，R-加群の完全系列 $0 \to N_1 \to N_2$ が存在して $0 \to N_1 \otimes_R M \to N_2 \otimes_R M$ は完全系列ではない．すなわち，$x_i \in N_1$, $m_i \in M\ (i = 1, \cdots, \ell)$ で $0 \neq \sum_{i=1}^{\ell} x_i \otimes m_i$ なる元が存在して $N_2 \otimes_R M$ の中

で $\sum_{i=1}^{\ell} x_i \otimes m_i = 0$ となる．$\{x_i\}_{i=1,\cdots,\ell}$ で生成される N_1 の部分群を L とする．テンソル積 $N_2 \otimes_R M$ の構成を考えれば N_2 の有限生成部分加群 N と自然な入射 $L \to N$ が存在して $0 \to L \otimes_R M \to N \otimes_R M$ が完全系列ではない．$N = L + R\omega_1 + \cdots + R\omega_n$ とし，$N_1 = L, N_{i+1} = N_i + R\omega_i \ (i = 1, \cdots, n-1)$ とおく．以下，任意の $i \ (1 \leq i \leq n-1)$ に対し，$0 \to N_i \otimes_R M \to N_{i+1} \otimes_R M$ が完全系列となることを示す．このとき，$0 \to L \otimes_R M \to N \otimes_R M$ が完全系列となって矛盾．簡単のため，記号を書き換えて $L \subset N, N = L + R\omega$ とおく．$I = \{r \in R \mid r\omega \in N\}$ とおけば，$N/L \cong R/I$ となるから，完全系列
$$0 \to L \xrightarrow{\iota} N \xrightarrow{\pi} R/I \to 0$$
を得る．標準的準同型写像 $\varphi: R \to R/I$ とする．射影 R-加群 P と全射準同型写像 $\psi: P \to L$ が存在する．このとき，$\tilde{\varphi}: R \to N$ で $\pi \circ \tilde{\varphi} = \varphi$ となるものが存在する．

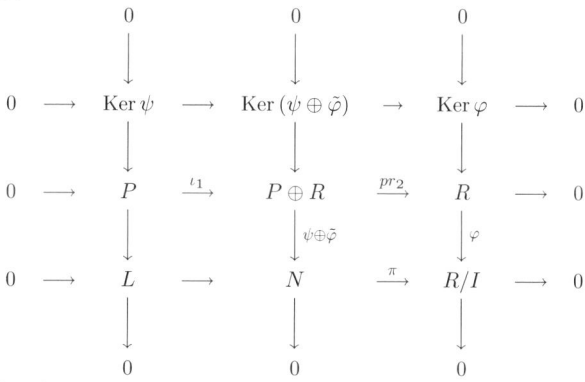

$$\begin{array}{ccccccccc}
& & 0 & & 0 & & 0 & & \\
& & \downarrow & & \downarrow & & \downarrow & & \\
0 & \to & \operatorname{Ker}\psi & \to & \operatorname{Ker}(\psi \oplus \tilde{\varphi}) & \to & \operatorname{Ker}\varphi & \to & 0 \\
& & \downarrow & & \downarrow & & \downarrow & & \\
0 & \to & P & \xrightarrow{\iota_1} & P \oplus R & \xrightarrow{pr_2} & R & \to & 0 \\
& & \downarrow & & \downarrow{\scriptstyle \psi \oplus \tilde{\varphi}} & & \downarrow{\scriptstyle \varphi} & & \\
0 & \to & L & \to & N & \xrightarrow{\pi} & R/I & \to & 0 \\
& & \downarrow & & \downarrow & & \downarrow & & \\
& & 0 & & 0 & & 0 & &
\end{array}$$

なる可換図式において，各行各列は完全系列．R 上の加群 M をテンソルして可換図式

$$\begin{array}{ccccccccc}
& & & & & & 0 & & \\
& & & & & & \downarrow & & \\
& & \operatorname{Ker}\psi \otimes_R M & \to & \operatorname{Ker}(\psi \oplus \tilde{\varphi}) \otimes_R M & \to & \operatorname{Ker}\varphi \otimes_R M & \to & 0 \\
& & \downarrow & & \downarrow & & \downarrow & & \\
0 & \to & P \otimes_R M & \xrightarrow{\iota_1 \otimes \mathrm{id}} & (P \oplus R) \otimes_R M & \xrightarrow{pr_2 \otimes \mathrm{id}} & R \otimes_R M & \to & 0 \\
& & \downarrow & & \downarrow & & \downarrow{\scriptstyle \varphi \otimes \mathrm{id}} & & \\
0 & \to & L \otimes_R M & \to & N \otimes_R M & \xrightarrow{\pi \otimes \mathrm{id}} & R/I \otimes_R M & \to & 0 \\
& & \downarrow & & & & & & \\
& & 0 & & 0 & & 0 & &
\end{array}$$

を得る．先の図式において，真ん中の行が分裂していることと仮定を用いて，この図式の各列と，最終行を除く行は完全系列であることがわかる．したがって，この図式を用いて最終行も完全系列であることを示すことができる．

(21) M を平坦 R-加群とし，$a_i \in R$, $x_i \in M$ に対し $\sum_{i=1}^n a_i x_i = 0$ とする．$f : R^n \to R$ を $f(b_1, \cdots, b_n) = \sum_{i=1}^n a_i b_i$ によって定義し，$K = \mathrm{Ker}\, f$ とおく．$\iota : K \to R^n$ を自然な入射とすれば，$K \otimes_R M \to R^n \otimes_R M \to R \otimes_R M$ は完全系列だから，完全系列 $K \otimes_R M \to M^n \xrightarrow{f_M} M$, $f_M(t_1, \cdots, t_n) = \sum a_i t_i$ を得る．ゆえに，$\beta_j \in K$, $y_j \in M$ が存在して $(x_1, \cdots, x_n) = \sum_1^s \beta_j \otimes y_j$ となる．$\beta_j = (b_{1j}, \cdots, b_{rj})$, $b_{i\ell} \in R$ と表わせば，必要性を得る．逆を示すために問題 (20) を用いる．イデアル $I \subset R$ をとる．$a_1, \cdots, a_n \in I$ と $x_1, \cdots, x_n \in M$ に対して，M において $\sum_{i=1}^n a_i x_i = 0$ とする．条件 $(*)$ から $\sum_{i=1}^n a_i b_{ij} = 0$, かつ $x_i = \sum_{j=1}^s b_{ij} y_j$ なる表示を得る．ゆえに $I \otimes_R M$ において，$\sum_i a_i \otimes x_i = \sum_i a_i \otimes (\sum_{j=1}^s b_{ij} y_j) = \sum_j^s (\sum_i a_i b_{ij} \otimes y_j) = 0$ だから，$0 \to I \otimes_R M \to R \otimes_R M$ は完全系列．

(22) (i) $\Rightarrow$ (ii), (ii) $\Rightarrow$ (iii) は本文中に示した．(iii) $\Rightarrow$ (i) を示す．R の極大イデアルを $\mathfrak{m}$ とする．$P \otimes_R R/\mathfrak{m}$ は $R/\mathfrak{m}$ 上の有限次元ベクトル空間．$x_1, \cdots, x_n \in P$ をとり，$\bar{x}_1, \cdots, \bar{x}_n \in P \otimes_R R/\mathfrak{m}$ が $R/\mathfrak{m}$ 上線形独立であるとき，$x_1, \cdots, x_n$ が R 上線形独立であることを示せば証明は終わる．n に関する帰納法で示す．$n = 1$ のとき，$ax_1 = 0$ $(a \in R)$ とする．問題 (21) より $y_1, \cdots, y_n \in M$ と $b_1, \cdots, b_n \in R$ が存在して，任意の i に対し $ab_i = 0$ かつ $x = \sum b_i y_i$. $P \otimes_R R/\mathfrak{m}$ で $\bar{x}_1 \neq 0$ だから，$b_i \notin \mathfrak{m}$ なる i がある．このとき，b_i は R の可逆元ゆえ $a = 0$. $n \geq 2$ とし，$\sum_{i=1}^n a_i x_i = 0$ とする．問題 (21) より，ある自然数 s と $b_{ij} \in R$, $y_j \in M$ $(j = 1, \cdots, s)$ が存在して，$1 \leq j \leq s$ なる任意の j に対し $\sum_{i=1}^n a_i b_{ij} = 0$ かつ $1 \leq i \leq n$ なる任意の i に対し $x_i = \sum_{j=1}^s b_{ij} y_j$ となる．$x_n \notin \mathfrak{m} M$ よりある j が存在して $b_{nj} \notin \mathfrak{m}$. $\sum_{i=1}^n a_i b_{ij} = 0$ で b_{nj} は可逆元だから $c_i = -b_{ij}/b_{nj}$ とおいて $a_n = \sum_{i=1}^{n-1} c_i a_i$ を得る．このとき，

$$0 = \sum_{i=1}^n a_i x_i = \sum_{i=1}^{n-1} a_i (x_i + c_i x_n)$$

であるが，$\bar{x}_1 + \bar{c}_1 \bar{x}_n, \cdots, \bar{x}_{n-1} + \bar{c}_{n-1} \bar{x}_{n-1}$ は $R/\mathfrak{m}$ 上線形独立だから，帰納法の仮定から $a_1 = \cdots = a_{n-1} = 0$. ゆえに $a_n = \sum_{i=1}^{n-1} c_i a_i = 0$.

(23) 射影的なら平坦であることは本文中に示した．任意の極大イデアル $\mathfrak{m}$ に対し，$M_\mathfrak{m}$ は $R_\mathfrak{m}$ 上平坦だから問題 (22) より自由加群．完全系列 $L \to N \to 0$ に対し $\psi : \mathrm{Hom}_R(M, L) \to \mathrm{Hom}_R(M, N)$ を考える．$(\mathrm{Coker}\, \psi)_\mathfrak{m} =$

Coker$\{\mathrm{Hom}_{R_\mathfrak{m}}(M_\mathfrak{m}, L_\mathfrak{m}) \to \mathrm{Hom}_{R_\mathfrak{m}}(M_\mathfrak{m}, N_\mathfrak{m})\} = 0$ だから, 問題 (5) より Coker $\psi = 0$. よって, M は射影的.

(24) M が有限生成射影加群ならば, 自然数 n と全射準同型写像 $\varphi : R^n \to M$ がある. このとき, $R^n \cong \mathrm{Ker}\,\varphi \oplus M$ となるから $\mathrm{Ker}\,\varphi$ も有限生成で, M は有限表示を持つ. 任意の極大イデアル $\mathfrak{m}$ に対し $M_\mathfrak{m}$ は $R_\mathfrak{m}$ 上の有限生成射影加群だから, 問題 (22) から自由加群となる. 逆を示すために, $0 \to L \to N$ を完全系列とすれば, $0 \to R_\mathfrak{m} \otimes_R L \to R_\mathfrak{m} \otimes_R N$ も完全系列. $M_\mathfrak{m}$ は自由加群だから $0 \to L_\mathfrak{m} \otimes_{R_\mathfrak{m}} M_\mathfrak{m} \to N_\mathfrak{m} \otimes_{R_\mathfrak{m}} M_\mathfrak{m}$ は完全系列. よって, $0 \to (L \otimes_R M)_\mathfrak{m} \to (N \otimes_R M)_\mathfrak{m}$ は完全系列. これが任意の極大イデアルに対し成り立つから, 問題 (12) の解答と同様にして $0 \to L \otimes_R M \to N \otimes_R M$ は完全系列. すなわち, M は平坦. 問題 (23) を用いて M は射影的.

(25) M が R 上平坦であればねじれがないことは命題 2.2.7 で示した. 逆を示すために $M = \cup M_i$ (M_i は M の有限生成な部分加群) とする. 単項イデアル整域 R 上の有限生成加群 M_i の構造定理によれば, M_i にねじれ元が 0 だけであれば自由 R-加群となり, したがって平坦である. $0 \to N_1 \xrightarrow{\varphi} N_2$ を完全系列とすれば, $\mathrm{Ker}\,(\mathrm{id} \otimes \varphi) = \cup \mathrm{Ker}\,(M_i \otimes N_1 \to M_i \otimes N_2) = 0$. よって, M は R 上平坦である.

(26) $\mathrm{Hom}_R(M_3, I) \xrightarrow{g_I} \mathrm{Hom}_R(M_2, I) \xrightarrow{f_I} \mathrm{Hom}_R(M_1, I) \to 0$ が完全系列になることはつねに成り立つ. したがって, (ii) は (i) の言い換えにすぎない. (i)⇒(iii): $\mathrm{id} : I \to I$ に対して (i) を用いて $h : M \to I$ で $\mathrm{id} = h \circ f$ となるものが存在する. $M_1 = \mathrm{Ker}\,f$ とおけば $M \cong I \oplus M_1$ となる. (iii)⇒(iv): (iii) より $M_2 \cong I \oplus M_3$ と直和に分解するから I への射影を考えれば完全系列は分裂する. (iv)⇒(i): 任意の単射 $f : M \to L$ および任意の R-準同型写像 $g : M \to I$ を考える. 準同型写像 $(g, f) : M \to I \oplus L$ を $m \mapsto g(m) \oplus -f(m)$ $(m \in M)$ と定義し, 自然な写像 $\alpha : I \to (I \oplus L)/(g,f)(M)$, $x \mapsto x \oplus 0$ $(x \in I)$; $\beta : L \to (I \oplus L)/(g,f)(M)$, $y \mapsto 0 \oplus y$ $(y \in L)$ を考えれば, $\beta \circ f = \alpha \circ g$ となる. 仮定から $\alpha : I \to (I \oplus L)/(g,f)(M)$ は単射であるから, 仮定から $h' : (I \oplus L)/(g,f)(M) \to I$ で $h' \circ \alpha = \mathrm{id}$ となるものがある. このとき, $h = h' \circ \beta$ とおけば, (i) が成り立つ.

(27) 任意の $a \in R$ に対し, $L_a : R \to R$ を $L_a(x) = ax$ で定義する. これは単射 R-準同型写像. 任意の $x \in M$ に対し $g : R \to M$ を $g(r) = rx$ と定義する. M は単射的だから R-準同型写像 $h : R \to M$ で $g = h \circ L_a$ となるものが存在する. このとき, $x = g(1) = h \circ L_a(1) = h(a) = ah(1)$ となるから, M は可除的である.

(28) 単射 R-加群が可除 R-加群であることは問題 (27) で示した．I を可除 R-加群とし，$0 \to N \xrightarrow{f} M$ を R-加群の完全系列とする．この列によって，N を M の部分加群とみなす．R-準同型写像 $g: N \to I$ をとる．N を含む M の部分加群 M_ν と R-準同型写像 $h_\nu: M_\nu \to I$ の組 (M_ν, h_ν) で $g = h_\nu \circ f$ となるものの全体を Λ とする．$(N, g) \in \Lambda$ より $\emptyset \neq \Lambda$．$(M_1, h_1), (M_2, h_2) \in \Lambda$ に対し，$M_1 \subset M_2$ かつ $h_2|_{M_1} = h_1$ のとき $(M_1, h_1) \prec (M_2, h_2)$ と順序を定義すると Λ は帰納的順序集合になる．よってツォルンの補題により極大元 (M', h') が存在する．もし，$M' \neq M$ なら，$x \in M, x \notin M'$ が存在する．M' と x で生成される部分加群を M'' とする．$J = \{r \in R \mid rx \in M'\}$ とおく．R は単項イデアル整域だから，$a \in R$ が存在して $J = (a)$ となる．I は可除的だから $ay = h'(ax)$ となる $y \in I$ が存在する．そこで，$a \neq 0$ なら h' の延長 $h'': M'' \to I$ を M' では $h'' = h'$，$x \mapsto y$ と定義する．$a = 0$ なら $y \in I$ を任意の元として，h' の延長 h'' を M' では $h'' = h'$，$x \mapsto y$ と定義する．これはうまく定義できて，$(M', h') \prec (M'', h'')$ となり (M', h') の極大性に反する．よって，$M' = M$ で I は単射的．

(29) $\mathbf{Z}$ は単項イデアル整域であり，$\mathbf{Q}/\mathbf{Z}$ は可除的だから，問題 (28) から結果を得る．

(30) R-加群の定義による．

(31) $M \ni x \neq 0$ をとる．完全系列 $0 \to \mathbf{Z}x \xrightarrow{\iota} M$ と $\mathbf{Z}$-準同型写像 $g: \mathbf{Z}x \to \mathbf{Q}/\mathbf{Z}$ で $g(x) \neq 0$ となるものをとれば，$\mathbf{Q}/\mathbf{Z}$ が単射的であることから，$h \in \hat{M}$ で $g = h \circ \iota$ となるものが存在する．このとき，$0 \neq g(x) = h(x)$．すなわち，Ψ は単射．

(32) M を射影 R-加群とし，$0 \to N_1 \xrightarrow{\varphi} N_2$ を R-加群の完全系列とする．$g: N_1 \to \hat{M}$ を R-準同型写像とする．このとき，$\hat{N_2} \xrightarrow{\hat{\varphi}} \hat{N_1} \to 0$ なる完全系列と，R-準同型写像 $\hat{g}: \hat{\hat{M}} \to \hat{N_1}$ を得る．問題 (31) より $\Psi: M \to \hat{\hat{M}}$ は単射．制限写像 $\hat{g}|_M$ を考えれば，M は射影 R-加群だから，$g': M \to \hat{N_2}$ で $\hat{\varphi} \circ g' = \hat{g}|_M$ となるものがある．よって，$\hat{g'}: \hat{\hat{N_2}} \to \hat{M}$ なる R-準同型写像を得，$\hat{g'} \circ \hat{\hat{\varphi}} = \hat{\hat{g}}|_M$ となる．$\hat{g'}$ を N_2 に制限し，$\hat{\hat{\varphi}}$ を N_1 に制限して，$\hat{g'}|_{N_2} \circ \varphi = g$ を得るから，$\hat{M}$ は単射加群．

(33) R は自由 R-加群であるから射影的である．よって問題 (32) より $\hat{R}$ は単射的．

(34) $F \cong R^n$ とする．$\hat{F} \cong \hat{R}^n$．問題 (33) より $\hat{R}$ は単射的．単射的加群の直和は単射的．よって $\hat{F}$ は単射的．

(35) $\hat{M}$ に対して自由 R-加群 F で 完全系列 $F \to \hat{M} \to 0$ となるものが存在する．よって，$0 \to \hat{\hat{M}} \to \hat{F}$ は完全系列．問題 (31) より $\Psi: M \to \hat{\hat{M}}$ は単射だから，$0 \to M \to \hat{F}$ なる完全系列を得る．問題 (34) より $\hat{F}$ は単射的．ちなみに，こ

こでは可換の場合のみ扱ったが，この事実は非可換環の場合にも成立する．

第 3 章

(1) 行列 $A = \begin{pmatrix} a+1 & -a \\ a & -a+1 \end{pmatrix}$ は $^t(1,1)$ を固有ベクトルとして持つ．したがって，部分空間 $\mathbf{C}^t(1,1)$ は G-不変部分空間となり，φ は可約．

(2) 可約であるとすると 1 次元の G-不変部分空間を持つ．つまり $\varphi(\sigma)$ は実ベクトル v を固有ベクトルとして持つ．しかし，$\varphi(\sigma)$ の固有値は実数ではないからこれは不可能．$\sigma^k \mapsto \cos 2k\pi/n + \sqrt{-1}\sin 2k\pi/n$ で与えられる複素 1 次元の表現を θ とすれば，φ は $\theta \oplus \bar{\theta}$ と分解される．

(3) $^t\varphi((ab)^{-1}) = {}^t\varphi(b^{-1}a^{-1}) = {}^t(\varphi(b^{-1})\varphi(a^{-1})) = {}^t\varphi(a^{-1}){}^t\varphi(b^{-1})$ からしたがう．

(4) 右正則表現の指標の既約分解は左正則表現の指標の既約分解とまったく同様にして求まるが，その両者は一致する．したがって，2 つの表現は同値である．

(5) 表現を φ，その表現空間を $V = \mathbf{C}^n$ とする．V の元 $x = (x_1, \cdots, x_n)$，$y = (y_1, \cdots, y_n)$ に対し，正値エルミート形式 $f(x,y) = x_1\overline{y_1} + \cdots + x_n\overline{y_n}$ をとる．$f^*(x,y) = \sum_{a \in G} f(\varphi(a)(x), \varphi(a)(y))$ とおけばこれも正値エルミート形式となる．つくり方から $f^*(\varphi(a)(x), \varphi(a)(y)) = f^*(x,y)$ である．よって，$f^*(x,y)$ に対応する正値エルミート行列を F とすれば $^t\overline{\varphi(a)}F\varphi(a) = F$ となる．線形代数で知られているように，正値エルミート行列 F に対し正則行列 T が存在して $F = {}^t\bar{T}T$ と書ける．そこで，$\psi(a) = T\varphi(a)T^{-1}$ とおけば，$^t\overline{\psi(a)}\psi(a) = E$（$E$ は単位行列）となる．これは表現 φ がユニタリ表現 ψ に同値であることを示している．

(6) $\chi_1, \cdots, \chi_n$ を有限群 G の既約指標の全体とする．$\chi = c_1\chi_1 + \cdots + c_n\chi_n$ を既約分解とする．ただし，χ_1 を単位指標とする．指標の第 1 直交関係を単位指標を相手に用いれば，χ_i が単位指標でなければ，$\sum_{a \in G} \chi_i(a) = 0$．よって，$\sum_{a \in G}\chi(a) = c_1\sum_{a \in G}\chi_1(a) + \cdots + c_n\sum_{a \in G}\chi_n(a) = c_1 g$ となり，g で割り切れる．また，割った商 c_1 は単位指標の重複度である．

(7) $|G| = g$，G の共役類数を t とする．1 つの共役類 $a_1xa_1^{-1}, a_2xa_2^{-1}, \cdots, a_\ell xa_\ell^{-1}$（ただし，$a_1 = e$）を考える．$aa_ixa_i^{-1}a^{-1} = a_ixa_i^{-1}$ とすれば $a \in C(a_ixa_i^{-1})$（$a_ixa_i^{-1}$ の中心化群）．$|G/C(a_ixa_i^{-1})| = \ell$ だから，$|C(a_ixa_i^{-1})| = g/\ell$．基底 $\langle a_1xa_1^{-1}, a_2xa_2^{-1}, \cdots, a_\ell xa_\ell^{-1}\rangle$ に関する T_a の行列表示を考える．g/ℓ 個の $a \in G$ に対し，$a_ixa_i^{-1}$ は不変．この線形表現の指標を χ とすれば，$\sum_{a \in G}\chi(a) = ((g/\ell) \times \ell) \times t = gt$．問題 (6) を用いれば，単位指標，した

がって単位表現の重複度は $gt/g = t$ で共役類数と等しくなる．ちなみに，各共役類に含まれる元の群環における和 $x + a_2 x a_2^{-1} + \cdots + a_\ell x a_\ell^{-1}$ が単位表現を具体的に与える．

(8) 自然に $k[G_1 \times G_2] \cong k[G_1] \otimes_k k[G_2]$. 群の元 a の左からの作用を L_a と書く．$\langle x_1 x_2 \rangle (x_1 \in G_1, x_2 \in G_2)$ は $k[G_1 \times G_2]$ の k 上のベクトル空間としての基底．$a = a_1 a_2 \in k[G_1 \times G_2]$ $(a_1 \in G_1, a_2 \in G_2)$ の $k[G_1 \times G_2]$ への左からの作用は，最初に与えた同型を用いれば，$x \mapsto ax = (a_1 x_1)(a_2 x_2) = (L_{a_1} \otimes L_{a_2})(x_1 \otimes x_2)$ となる．

(9) $a_i^{-1} x a_j \in H$ ならば $j \neq k$ に対し $a_i^{-1} x a_k \notin H$ であるから各行各列に 0 でない行列 $\varphi(a_i^{-1} x a_j)$ がただ 1 つずつ現れる．また $a_i^{-1} x a_j \in H$, $a_j^{-1} x a_k \in H$ ならば $a_i^{-1} xy a_k \in H$ だから $\varphi^G(x) \varphi^G(y) = \varphi^G(xy)$ となり，φ^G は G の表現である．

(10) 左 $k[G]$-加群 $k[G] \otimes_{k[H]} V$ に対応する G の表現を ψ とする．右 $k[H]$-加群として $k[G] = a_1 k[H] \oplus \cdots \oplus a_r k[H]$ と分解する．よって，$k[G] \otimes_{k[H]} V \cong (a_1 k[H] \otimes_{k[H]} V) \oplus \cdots \oplus (a_r k[H] \otimes_{k[H]} V) = (a_1 \otimes_{k[H]} V) \oplus \cdots \oplus (a_r \otimes_{k[H]} V)$. 表現 φ の基底 $v_1, \cdots, v_n$ に関する行列表示を $\varphi(a) = (r_{ij}(a))$ $(a \in H)$ とし，ψ の基底 $\langle a_i \otimes v_j \rangle$ に関する行列表示を求める．$a \in G$ に対し，$a a_i = a_k h$ $(h \in H)$ とするとき

$$a(a_i \otimes v_j) = a a_i \otimes v_j = a_k h \otimes v_j = a_k \otimes h v_j$$
$$= a_k \otimes \sum_{s=1}^{n} r_{sj}(h) v_s$$
$$= \sum_{s=1}^{m} r_{sj}(h) a_k \otimes v_s$$

となる．よって，$k[G] \otimes_{k[H]} V$ の基底を

$$a_1 \otimes v_1, \cdots, a_1 \otimes v_n, \cdots, a_n \otimes v_1, \cdots, a_n \otimes v_n$$

と並べてこの基底に関して ψ を行列表示すれば，$\psi(a) = \varphi^G(a)$ を得る．

(11) H の左正則表現の誘導表現は $k[G] \otimes_{k[H]} k[H] \cong k[G]$ を左 $k[G]$-加群とみたものに対応する表現である．それは，G の左正則表現にほかならない．

(12) G の左正則表現を考えれば，G の既約表現はその中にすべて含まれている．問題 (8) より，G の左正則表現は G_1 の左正則表現 π_1 と G_2 の左正則表現 π_2 のテンソル積 $\pi_1 \otimes \pi_2$ である．G_1 の既約表現 φ_i と G_1 の既約表現 ψ_j を考え，それぞれの次数を f_i, g_j とすると，左正則表現の中にそれぞれ φ_i が f_i 個，ψ_j が g_j 個含まれる．よって，$\pi_1 \otimes \pi_2$ の中に $\varphi_i \otimes \psi_j$ が $f_i g_j$ 個含まれる．$\varphi_i \otimes \psi_j$

の中に G の既約表現 θ が t_{ij} 個含まれているとする。θ の次数 $f = \sum_{i,j} t_{ij} f_i g_j$ となる。$t_{ij} \neq 0$ なら $f \leq f_i f_j$ だから $t_{k\ell} = \delta_{ik}\delta_{j\ell}$, $f = f_i f_j$ となる。よって，$\varphi_i \otimes \psi_j$ は既約で G の既約表現はこのようにして得られる。

(13) χ が既約指標ならば，$(\chi,\chi) = 1$ かつ $\chi(e) =$ 表現の次数 > 0 となる。$\chi = a_1\chi_1 + \cdots + a_n\chi_n$ と既約指標に分解すれば，$(\chi,\chi) = a_1^2 + \cdots + a_n^2 = 1$ より $n = 1, a_1 = \pm 1$ となる。$\chi(e) = a_1\chi_1(e) = a_1 > 0$ から $a_1 = 1$ となり χ は既約指標となる。

(14) S_4 の共役類は $\{(1)\}$, $\{(1\,2)$ とその共役 $\}$, $\{(1\,2)(3\,4)$ とその共役 $\}$, $\{(1\,2\,3)$ とその共役 $\}$, $\{(1\,2\,3\,4)$ とその共役 $\}$ の 5 個．よって，5 個の既約表現を持つ．次数をそれぞれ $n_1 \leq n_2 \leq \cdots \leq n_5$ とする．交換子群 $D(S_4) = A_4$ だから，$S_4/A_4 \cong \mathbf{Z}/2\mathbf{Z}$ より 1 次の指標は 2 個：$n_1 = n_2 = 1$. $n_1^2 + n_2^2 + n_3^2 + n_4^2 + n_5^2 = |S_4| = 24$ を解いて，$n_3 = 2, n_3 = 3, n_4 = 3$.

(15) 有限巡回群 $G = \langle \sigma \rangle$ の位数を n とし，1 の原始 n 乗根の 1 つを ζ とする．既約指標は n 個あり，$\chi_i(\sigma^k) = \zeta^{ik}$ $(i = 0, 1, \cdots, n-1)$ で与えられる．

(16) クラインの 4 群 $V = \{e, s, t, st\}$, $s^2 = t^2 = e$, $st = ts$ を考える．$V \cong \mathbf{Z}/2\mathbf{Z} \times \mathbf{Z}/2\mathbf{Z}$ だから，$V \to \mathbf{C}^*$ なる乗法群への準同型写像を考えて次の結果を得る．

	e	s	t	st
χ_1	1	1	1	1
χ_2	1	1	-1	-1
χ_3	1	-1	1	-1
χ_4	1	-1	-1	1

(17) D_4 は $\langle \sigma, \tau \rangle$，基本関係 $\sigma^4 = \tau^2 = e, (\sigma\tau)^2 = e$ によって与えられる．共役類は $K_1 = \{e\}, K_2 = \{\sigma^2\}, K_3 = \{\sigma, \sigma^3\}, K_4 = \{\tau, \sigma^2\tau\}, K_5 = \{\sigma\tau, \sigma^3\tau\}$ の 5 個からなるから既約指標は 5 個存在する．それらを，χ_i $(i = 1, 2, \cdots, 5)$ とし，次数をそれぞれ $n_1 \leq n_2 \leq \cdots \leq n_5$ とする．$n_1^2 + n_2^2 + n_3^2 + n_4^2 + n_5^2 = 8$ を解けば $n_1 = n_2 = n_3 = n_4 = 1, n_5 = 2$. D_4 の交換子群は $\langle \sigma^2 \rangle$．よって，4 個の次数 1 の指標は $G/\langle\sigma^2\rangle \cong \mathbf{Z}/2\mathbf{Z} \times \mathbf{Z}/2\mathbf{Z}$ の指標から得られる．次数 2 の指標は，指標の第 1 直交関係 $(\chi_1, \chi_5) = (\chi_2, \chi_5) = (\chi_3, \chi_5) = (\chi_4, \chi_5) = 0, (\chi_5, \chi_5) = 1$ を解いて得られる．

	K_1	K_2	K_3	K_4	K_5
χ_1	1	1	1	1	1
χ_2	1	1	1	−1	−1
χ_3	1	1	−1	1	−1
χ_4	1	1	−1	−1	1
χ_5	2	−2	0	0	0

(18) 4元数群 $Q_3 = \{\pm 1,\ \pm i,\ \pm j,\ \pm k\}$ を考える．共役類は，$K_1 = \{1\}$，$K_2 = \{-1\}, K_3 = \{\pm i\}, K_4 = \{\pm j\}, K_5 = \{\pm k\}$ の 5 個だから，既約指標は 5 個．それらを，$\chi_i\ (i = 1, 2, \cdots, 5)$ とし，次数をそれぞれ $n_1 \leq n_2 \leq \cdots \leq n_5$ とする．$n_1^2 + n_2^2 + n_3^2 + n_4^2 + n_5^2 = 8$ を解けば $n_1 = n_2 = n_3 = n_4 = 1$，$n_5 = 2$. 交換子群は $D(Q_4) = \{1, -1\}$. よって，4 個の次数 1 の指標は $G/\langle \sigma^2 \rangle \cong \mathbf{Z}/2\mathbf{Z} \times \mathbf{Z}/2\mathbf{Z}$ の指標から得られる．次数 2 の指標は，指標の第 1 直交関係 $(\chi_1, \chi_5) = (\chi_2, \chi_5) = (\chi_3, \chi_5) = (\chi_4, \chi_5) = 0, (\chi_5, \chi_5) = 1$ を解いて得られる．

	K_1	K_2	K_3	K_4	K_5
χ_1	1	1	1	1	1
χ_2	1	1	1	−1	−1
χ_3	1	1	−1	1	−1
χ_4	1	1	−1	−1	1
χ_5	2	−2	0	0	0

(19) A_4 の共役類は $K_1 = \{(1)\}$, $K_2 = \{(1\ 2)(3\ 4)$ とその共役 $\}$, $K_3 = \{(1\ 2\ 3)$ とその共役 $\}$, $K_4 = \{(1\ 3\ 2)$ とその共役 $\}$ の 4 個．よって，4 個の既約指標 $\chi_1, \chi_2, \chi_3, \chi_4$ を持つ．χ_1 を単位指標とする．それぞれの指標の次数を $n_1 = 1 \leq n_2 \leq n_3 \leq n_4$ とすれば，$n_1^2 + n_2^2 + n_3^2 + n_4^2 = |G| = 12$. この自然数解は $n_1 = n_2 = n_3 = 1, n_4 = 3$. ω を 1 の原始 3 乗根とする．A_4 の交換子群を D とすれば A_4/D の位数は 3 だから，これから 3 個の 1 次の指標を得る．3 次の指標 χ_4 は，指標の第 1 直交関係 $(\chi_1, \chi_4) = (\chi_2, \chi_4) = (\chi_3, \chi_4) = 0$，$(\chi_4, \chi_4) = 1$ を解いて得られる．

	K_1	K_2	K_3	K_4
χ_1	1	1	1	1
χ_2	1	1	ω	ω^2
χ_3	1	1	ω^2	ω
χ_4	3	-1	0	0

(20) $p < q$ を素数とするとき,位数 pq の非可換群は $q \equiv 1 \pmod{p}$ のときただ 1 つ存在する.よって,位数 21 の非可換群 G がただ 1 つ存在.シローの定理より 7-シロー部分群 H_7 は G の正規部分群.H_7 は位数 7 より巡回群ゆえ,$H_7 \ni x \neq e$ をとれば,$H_7 = \langle x \rangle$. 3-シロー部分群の 1 つを H_3, その生成元を y とすれば,$H_3 = \langle y \rangle$ かつ $G = \langle x^i, yx^i, y^2 x^i \rangle$ $(i = 0, 1, \cdots, 6)$ となる.$yxy^{-1} = x^2$ としてよい.共役類は,$K_1 = \{e\}$, $K_2 = \{x, x^2, x^4\}$, $K_3 = \{x^3, x^6, x^5\}$, $K_4 = \{yx^i\}_{i=0,\cdots,6}$, $K_5 = \{y^2 x^i\}_{i=0,\cdots,6}$ の 5 個だから,既約指標は 5 個.それらを,χ_i $(i = 1, 2, \cdots, 5)$ とし,次数をそれぞれ $n_1 \leq n_2 \leq \cdots \leq n_5$ とする.χ_1 を単位指標とする.$yxy^{-1}x^{-1} = x$ より,交換子群 $D(G) = H_7$. G/H_7 の位数は 3 だから,1 次の指標は 3 個.$n_1^2 + n_2^2 + n_3^2 + n_4^2 + n_5^2 = 21$, $n_1 = n_2 = n_3 = 1$ を解けば,$n_4 = n_5 = 3$. ζ を 1 の原始 7 乗根,φ を $\varphi(x) = \zeta$ によって定まる H の 1 次の表現,φ^G を G の誘導表現 (問題 (9) 参照) とすれば,問題 (13) を用いて φ^G は 3 次の既約表現であることがわかる.この指標を χ_4 とすれば,$\chi_4(x) = \zeta + \zeta^2 + \zeta^4$, $\chi_4(x^3) = \zeta^3 + \zeta^5 + \zeta^6$ などを得る.χ_5 も同様.

	K_1	K_2	K_3	K_4	K_5
χ_1	1	1	1	1	1
χ_2	1	1	1	ω	ω^2
χ_3	1	1	1	ω^2	ω
χ_4	3	$(-1+\sqrt{-7})/2$	$(-1-\sqrt{-7})/2$	0	0
χ_5	3	$(-1-\sqrt{-7})/2$	$(-1+\sqrt{-7})/2$	0	0

第 4 章

(1) (i) $\sqrt{\mathfrak{a}} \supset \mathfrak{a}$ は明らか.$x \in \sqrt{\sqrt{\mathfrak{a}}}$ をとればある自然数 n があって $x^n \in \sqrt{\mathfrak{a}}$. ゆえにある自然数 m があって,$x^{n+m} \in \mathfrak{a}$. よって,$x \in \sqrt{\mathfrak{a}}$ だから $\sqrt{\sqrt{\mathfrak{a}}} = \sqrt{\mathfrak{a}}$. (ii) $\mathfrak{a} \cap \mathfrak{b} \subset \mathfrak{a}$ より $\sqrt{\mathfrak{a} \cap \mathfrak{b}} \subset \sqrt{\mathfrak{a}}$. 同様に,$\sqrt{\mathfrak{a} \cap \mathfrak{b}} \subset \sqrt{\mathfrak{b}}$. ゆえに,$\sqrt{\mathfrak{a} \cap \mathfrak{b}} \subset \sqrt{\mathfrak{a}} \cap \sqrt{\mathfrak{b}}$. $x \in \sqrt{\mathfrak{a}} \cap \sqrt{\mathfrak{b}}$ をとれば,ある自然数 m, n があって $x^m \in \mathfrak{a}$, $x^n \in \mathfrak{b}$ だから,

$x^{m+n} \in \mathfrak{a} \cap \mathfrak{b}$. ゆえに, $x \in \sqrt{\mathfrak{a} \cap \mathfrak{b}}$. すなわち, $\sqrt{\mathfrak{a} \cap \mathfrak{b}} = \sqrt{\mathfrak{a}} \cap \sqrt{\mathfrak{b}}$.

(2) $a, b \in R$, $ab \in \sqrt{\mathfrak{q}}$, $a \notin \sqrt{\mathfrak{q}}$ とする. 根基の定義によりある自然数 n があって $a^n b^n \in \mathfrak{q}$. $a \notin \sqrt{\mathfrak{q}}$ より $a^n \notin \mathfrak{q}$. $\mathfrak{q}$ が準素イデアルであることから, ある自然数 m があって $(b^n)^m \in \mathfrak{q}$. ゆえに $b \in \sqrt{\mathfrak{q}}$ となり $\sqrt{\mathfrak{q}}$ は素イデアル. 最小性を示すために $\mathfrak{q} \subset \mathfrak{p} \subset \sqrt{\mathfrak{q}}$ なる素イデアル $\mathfrak{p}$ が存在したとする. $\sqrt{\mathfrak{q}} \ni x$ をとる. 根基の定義よりある自然数 n があって $x^n \in \mathfrak{q} \subset \mathfrak{p}$. $\mathfrak{p}$ は素イデアルであるから $x \in \mathfrak{p}$. ゆえに $\mathfrak{p} = \sqrt{\mathfrak{q}}$.

(3) $f, g \in k[X, Y]$, $fg \in \mathfrak{a}$ で, $f \notin \mathfrak{a}$ とする. f の各項を整理すると, X について m 次未満かつ Y について n 次未満の項 $aX^t Y^s$ が存在する. よって, g の定数項 c が 0 でなければ, 定数項 c と $aX^t Y^s$ をかけた項が fg には存在するから $fg \notin \mathfrak{b}$ となり仮定に反する. よって, g には定数項が存在しない. よって十分大きな自然数 ℓ が存在して $g^\ell \in \mathfrak{a}$ となる. 素イデアルになる必要十分条件は $m = n = 1$.

(4) $\mathfrak{a} = (X, Y + Z^2, XY - Z^n) = (X, Y + Z^2, Z^n)$. 環の同型写像 $k[X, Y, Z] \to k[X, Y, Z]$, $X \mapsto X$, $Y \mapsto Y - Z^2$, $Z \mapsto Z$ を考えれば, $\mathfrak{a}$ は (X, Y, Z^n) に移るが, $n \geq 2$ より, このイデアルは準素イデアルであるが素イデアルではない.

(5) n を 2 以上の自然数とし, 体 k 上の 2 変数多項式環 $R = k[X, Y]$ のイデアル $\mathfrak{a} = (X) \cap (X^n, Y)$ をとる. $\sqrt{\mathfrak{a}} = \sqrt{(X)} \cap \sqrt{(X^n, Y)} = (X) \cap (X, Y) = (X, Y)$ よりこれは素イデアル. $XY \in \mathfrak{a}$ かつ $X \notin \mathfrak{a}$ であるが任意の自然数 m に対し $Y^m \notin \mathfrak{a}$. よって準素イデアルではない.

(6) $\mathfrak{a}$ の生成元 $a_1, \cdots, a_n$ をとる. 変数 $X_1, \cdots, X_n$ をとり, R 係数の n 変数多項式環 $R[X_1, \cdots, X_n]$ をとれば, これもネーター環である. $\mathfrak{a}^i \cap \mathfrak{b}$ の元 a に対し適当な i 次斉次多項式 $f \in R[X_1, \cdots, X_n]$ をとれば, $a = f(a_1, \cdots, a_n)$ と表示される. すべての a, すべての i に対してこのような f を考え (1 つの a について複数の f がありうる), その全体で生成されるイデアルを考える. これは $R[X_1, \cdots, X_n]$ の斉次イデアルであるから, 斉次多項式からなる生成系 $f_1, \cdots, f_\ell$ が存在する. f_i の次数を d_i とし, d_i のうちの最大値を k とする. $\mathfrak{a}^i \cap \mathfrak{b} \supset \mathfrak{a}^{i-k}(\mathfrak{a}^k \cap \mathfrak{b})$ は明らか. $i \geq k$ とする. 任意の $a \in \mathfrak{a}^i \cap \mathfrak{b}$ に対して i 次多項式 f が存在して $a = f(a_1, \cdots, a_n)$ と表示される. このとき, $g_i(X_1, \cdots, X_n) \in R[X_1, \cdots, X_n]$ ($\deg g_i = i - d_i$) が存在して $f = \sum f_i g_i$ と書ける. ゆえに,

$$a \in \sum (\mathfrak{a}^{d_j} \cap \mathfrak{b}) \mathfrak{a}^{i-d_j} \subset \mathfrak{a}^{i-k}(\mathfrak{a}^k \cap \mathfrak{b})$$

となる. よって, 任意の $i \geq k$ に対し $\mathfrak{a}^i \cap \mathfrak{b} = \mathfrak{a}^{i-k}(\mathfrak{a}^k \cap \mathfrak{b})$.

(7) $\cap_{i \geq 1} \mathfrak{m}^i = \mathfrak{n}$ とおく. 問題 (6) において $\mathfrak{a} = \mathfrak{m}$, $\mathfrak{b} = \mathfrak{n}$ とおく. 任意の自然数 ℓ

に対して $\mathfrak{a}^\ell \cap \mathfrak{b} = \mathfrak{n}$. よって,

$$\mathfrak{n} = \mathfrak{a}^i \cap \mathfrak{b} \supset \mathfrak{a}(\mathfrak{a}^{i-1} \cap \mathfrak{b}) \supset \cdots \supset \mathfrak{a}^{i-k}(\mathfrak{a}^k \cap \mathfrak{b}) = \mathfrak{a}^i \cap \mathfrak{b} = \mathfrak{n}.$$

$\mathfrak{a}^{i-1} \cap \mathfrak{b} = \mathfrak{n}$ より $\mathfrak{m}\mathfrak{n} = \mathfrak{n}$. よって, 中山の補題より $\mathfrak{n} = 0$.

(8) M が有限生成だから, ある自然数 m と全射 R-準同型写像 $R^m \to M$ が存在する. R が左アルティン環だから R^m は左アルティン的. M はその準同型写像による像だから左アルティン的.

(9) $\mathfrak{a} = \mathrm{rad}(R)$ とおく. イデアルの列 $\mathfrak{a} \supset \mathfrak{a}^2 \supset \cdots \supset \mathfrak{a}^n \supset \cdots$ を考えれば, R はアルティン環だから, ある整数 n が存在して $\mathfrak{a}^n = \mathfrak{a}^{n+1}$. よって, 中山の補題によって $\mathfrak{a}^n = 0$. ゆえに $\mathrm{rad}(R) \subset \sqrt{(0)}$. 逆に, $x \in \sqrt{(0)}$ をとれば, ある自然数 m があって $x^m = 0$ だから, x は任意の極大イデアルに含まれる. よって $x \in \mathrm{rad}(R)$ で $\mathrm{rad}(R) \supset \sqrt{(0)}$.

(10) M の生成系を $u_1, \cdots, u_n$ とする. $IM = M$ であるから $a_{ij} \in I$ が存在して $\sum_j a_{ij} u_j = u_i$ となる. クロネッカーのデルタを用いて $\sum_j (a_{ij} - \delta_{ij}) u_j = 0$. 係数行列 $(a_{ij} - \delta_{ij})$ の余因子行列を左からかければ, $\det(a_{ij} - \delta_{ij}) \cdot u_j = 0$ $(j = 1, 2, \cdots, n)$ を得る. よって, $\det(a_{ij} - \delta_{ij}) \in \mathrm{Ann}(M)$ かつ $\det(a_{ij} - \delta_{ij}) \equiv 1 \pmod{I}$. ゆえに, 任意の $r \in R$ に対し, $r = r(1 - \det(a_{ij} - \delta_{ij})) + r \det(a_{ij} - \delta_{ij}) \in I + \mathrm{Ann}(M)$ となり, $R = I + \mathrm{Ann}(M)$ を得る. $R = \mathbf{Z}, M = \mathbf{Q}, I = 2\mathbf{Z}$ ととれば, $IM = M$ であるが $R \neq I + \mathrm{Ann}(M)$.

(11) M の直和因子をなす零でない部分加群のうちに極小なものがある. その1つを M_1 とする. このとき部分加群 N_1 があって $M = M_1 \oplus N_1$. とり方から M_1 は直既約. 同様に $N_1 = M_2 \oplus N_2$ (M_2 は直既約) と分解できる. この操作を続ければ, $M \supset M_1 \supset M_2 \supset \cdots$ を得るが降鎖律により真に減少する無限列になり得ないから, ある k が存在して M_k は直既約になり $M = M_1 \oplus \cdots \oplus M_k$ を得る.

(12) ウェッダーバーンの構造定理から, $\mathbf{C}$ 上の多元体 D と自然数 n があって $M(n, D)$ の形となる. D が $\mathbf{C}$ と同型であることを示せばよい. $a \in D \setminus \mathbf{C}$ をとる. $\mathbf{C}$ 上の線形写像 $T_a : D \to D, x \mapsto ax$ を考える. 固有値の1つ $\lambda \in \mathbf{C}$ をとれば固有ベクトル $x \in D, x \neq 0$ が存在して $(a - \lambda) x = 0$. D は多元体だから 0 以外の元には逆元がある. ゆえに $a - \lambda = 0$. したがって $a \in \mathbf{C}$ となり矛盾. ゆえに $D = \mathbf{C}$.

(13) $\mathbf{C} = \mathbf{R} + \mathbf{R}i$ とみる. $ij = k$ だから $\mathbf{H} = \mathbf{C} + \mathbf{C}j$. $\mathbf{H}$ を $\mathbf{C}$ 上のベクトル空間とみて, $\mathbf{H}$ の元をこのベクトル空間に左から作用させて, 基底 $\langle 1, j \rangle$ に関して行列表示する. これによって多元環の単射準同型写像 $\mathbf{H} \to M(2, \mathbf{C})$ を得る.

よって, $\mathbf{H} \otimes_{\mathbf{R}} \mathbf{C} \to M(2, \mathbf{C})$ なる単射準同型写像を得るが, $\mathbf{C}$ 上のベクトル空間としての次元が両辺とも 4 次元であることから全射にもなる.

(14) 双線形写像 $f : D \times D^\circ \to \text{End}_K(D)$ を $f(a,b)(x) = axb$ ($a \in D, b \in D^\circ, x \in D$) によって定義する. これは K 上の線形写像 $\varphi : D \otimes_K D^\circ \to \text{End}_K(D)$, $\varphi(a \otimes b)(x) = axb$ を引き起こす. これは K 上の多元環準同型写像となる. $D \otimes_K D^\circ$ のイデアルは容易にわかるように $D \otimes_K D^\circ$ と 0 のみであるから, φ は単射である. $[D : K] = n$ とおけば, $D \otimes_K D^\circ$, $\text{End}_K(D)$ の K 上の次元はともに n^2 であるから全射にもなり, φ は同型写像となる. また, $\text{End}_K(D) \cong M(n, K)$ である.

(15) m 次の行列単位を e_{ij} する. $M(m, D_1) = M(m, D_1)e_{11} \oplus \cdots \oplus M(m, D_1)e_{mm}$ なる左 $M(m, D_1)$-加群としての分解を得る. $M(m, D_1)e_{11}$ の零でない元 $\sum_i a_{i1} e_{i1}$ を考える. $a_{\ell 1} \neq 0$ とすれば $(a_{\ell 1}^{-1} e_{k\ell}) \sum_i a_{i1} e_{i1} = e_{k1}$ が任意の k について成り立つから $M(m, D_1)(\sum_i a_{i1} e_{i1}) \ni e_{k1}$ ($k = 1, \cdots, m$). よって, $M(m, D_1)e_{11}$ は既約左イデアルである. $M(m, D_1)e_{ii}$ も同様. よって長さ $\ell(M(m, D_1)) = m$. 同様に, $\ell(M(n, D_2)) = n$. よって, $M(m, D_1) \cong M(n, D_2)$ なら $m = n$. また, ウェッダーバーンの構造定理の証明から $\text{End}(M(m, D_1)e_{11}) \cong D_1$, $\text{End}(M(n, D_2)e_{11}) \cong D_2$ だから, $M(m, D_1) \cong M(n, D_2)$ ならば $D_1 \cong D_2$.

参考文献

　代数学の全般的な教科書については，本書を読むための基礎となる『代数学 I 群と環』[3] の参考文献にあげておいた．栗原 [6]，渡辺・草場 [15] も読みやすく書かれた代数学の入門書である．また，ファン・デル・ヴェルデン [12] はいまや古典的名著であると思うので再度引用しておく．本書の執筆には，石田 [1]，大島 [2]，斎藤 [7]，佐武 [8]，永尾 [9]，服部 [10]，[11]，松村 [14] などが大変参考になった．大島 [2]，永尾 [9] には有限群の表現論が群環上の加群としてではなく，有限群そのものの表現として解説されている．一方，服部 [10] には，有限群の表現論が群環上の加群として組織的に扱われている．また，対称群の表現論とヤング図形の対応や結合多元環の話題などがコンパクトにまとめられている．堀田 [13] には親しみやすい記述の中に群環上の加群の面白さが伝わるような話題が取り上げられている．微分方程式と加群の関係についても述べられているが，これは $\mathcal{D}$-加群と呼ばれる現代的な対象を取り上げたもので，その本質が平易に解説されている．本書では，ホモロジー代数の理論にはほとんど立ち入ることができなかった．これについては，河田 [5] などをご参照いただきたい．また，表現論的な観点から本書を執筆したため，可換環の事項，たとえばネーター環のイデアルの準素イデアル分解などにふれることができなかった．表現論は，数学以外の自然科学でも広く用いられる概念であり，早い段階で考え方を身に付けておくことが必要であると思われる．可換環論については，それを解説した教科書は数多く存在する．たとえば，服部 [11]，ファン・デル・ヴェルデン [12]，あるいは他の可換環論の専門的な教科書をご参照いただきたい．

[1] 石田信『代数学入門』（実教出版）1978．
[2] 大島勝『群論』共立全書（共立出版）1954．
[3] 桂利行『代数学 I　群と環』大学数学の入門 ①（東京大学出版会）2004，
[4] 桂利行『代数学 III　体とガロア理論』大学数学の入門 ③（東京大学出版会）2005．
[5] 河田敬義『ホモロジー代数 I』岩波講座基礎数学 3（岩波書店）1976．
[6] 栗原章『代数学』数理科学パースペクティブズ 3（朝倉書店）1997．
[7] 斎藤正彦『線型代数入門』基礎数学 1（東京大学出版会）1966．
[8] 佐武一郎『線型代数学：数学の基礎的諸分野への現代的入門』増補改訂，数

学選書 1（裳華房）1974.
- [9] 永尾汎『群論の基礎』基礎数学シリーズ 2（朝倉書店）1967，復刊 (2004).
- [10] 服部昭『群とその表現』共立数学講座 18（共立出版）1967.
- [11] 服部昭『現代代数学』近代数学講座 1（朝倉書店）1968，復刊 (2004).
- [12] ファン・デル・ヴェルデン『現代代数学 I, II, III』銀林浩訳（東京図書）1959.
- [13] 堀田良之『加群十話：代数学入門』すうがくぶっくす 3（朝倉書店）1988.
- [14] 松村英之『代数学』数理科学ライブラリー 8（朝倉書店）1990.
- [15] 渡辺敬一・草場公邦『代数の世界』すうがくぶっくす 13（朝倉書店）1994.

記号一覧

$\mathcal{A}$ 51
$\mathcal{A}'$ 51
$\mathrm{Ann}(M)$ 107
$\mathrm{Ann}(x)$ 14
$\mathcal{A}^{(r)}$ 51
$\mathcal{A}'^{(r)}$ 51
C_i 18
$\mathrm{Coim}\, f$ 7
$\mathrm{Coker}\, f$ 7
e_i 12
$\mathrm{Ext}_R^n(M,N)$ 67
$GL(V)$ 73
$\mathrm{Hom}_R(M,M')$ 9
id 1
id_S 1
$\mathrm{Im}\, f$ 7
$\mathrm{Im}\, \partial_{i+1}$ 18
ι_i 10
$\chi(a)$ 82
$K_{\tilde{a}}$ 89
$\mathrm{Ker}\, f$ 7
$\mathrm{Ker}\, \partial_i$ 18
$k[G]$ 73
$\wedge(M)$ 55
$\wedge^r(M)$ 50
$\ell(M)$ 102
$\mathcal{L}(M_1, M_2; N)$ 35
$\overline{M}$ 6
M^* 9, 48
$M_1 \oplus \cdots \oplus M_n$ 9
$M(n, \mathbf{R})$ 3
$M(n, \mathbf{Z})$ 20
$M \otimes N$ 36
$M \otimes_R N$ 36
$N_1 \dotplus \cdots \dotplus N_n$ 11
φ^G 95

$\varphi \sim \psi$ 74
(φ, ψ) 84
$(\varphi, \psi)_G$ 84
$\varphi_{V/W}$ 79
φ_W 79
$P_n(i,j)$ 18
pr_i 9
$Q_n(i;-1)$ 19
$\mathrm{rad}(R)$ 107
$R_n(i,j;c)$ 19
$\mathcal{S}$ 51
$\mathcal{S}'$ 51
S^{-1} 68
$\mathrm{sgn}\, \sigma$ 50
$[S]_R$ 5
$\mathcal{S}^{(r)}$ 51
$\mathcal{S}'^{(r)}$ 51
$S^r(M)$ 50
$\mathrm{Supp}(M)$ 68
$T^*(M)$ 49
$T_*(M)$ 49
T^0 48
T_0 49
$T^0(M)$ 48
$T_0(M)$ 49
$T(M)$ 49
$\mathrm{Tor}_n^R(M,N)$ 66
T^r 48
$T^r(M)$ 48
T_s 49
$T_s(M)$ 49
T_s^r 49
$T_s^r(M)$ 49
$[x_1, \cdots, x_m]_R$ 11
$x \wedge y$ 55

索引

ア 行

i-サイクル　18
i-チェイン　18
i-バウンダリー　18
i-ホモロジー群　18
R-準同型写像　6
R-双線形写像　35
アルティン加群　101
アルティン環　101
R-同型　6
　——写像　6
R-部分加群　4
一般指標　87
ウェッダーバーンの構造定理　110

カ 行

階数　13
外積　55
　——代数　55
可換図式　15
核　7
可除 R-加群　71
可約　77
完全可約　78
完全系列　14
基底　11
基本行列　20
基本変形　19
既約　77
　——指標　82
　——成分　86
　——分解　86
逆元　2
逆同型　110
　——写像　110

既約分解　87
9 項補題　17
共変代数　50
共変テンソル空間　49
局所化　68
グラスマン多様体　61
クルル・レマク・シュミットの定理　106
クロネッカー積　41
　——の公式　41
群環　73
係数環　2
　——拡大　47
結合法則　1
交換法則　2
交代化作用素　51
交代代数　55
交代テンソル　50
5 項補題　16
根基　114
混合代数　50
混合テンソル空間　49

サ 行

サポート　68
作用素の性質　51
G-不変　76
　——部分空間　76
　——補空間　78
次数　74, 82
指標　82
　——の第 1 直交関係　86
　——の第 2 直交関係　88
射影　9
　——R-加群　63
　——的分解　65
ジャコブソン根基　107
シューアの補題　80

自由 R-加群　11
準素イデアル　114
準双線形写像　47
商 R-加群　6
商表現　79
剰余 R-加群　6
剰余表現　79
スカラー　2
スネーク補題　17
生成系　5
切断　62
線形結合　11
線形従属　11
線形独立　11
線形表現　74
像　7
双対加群　9
双対空間　48
組成列　102

タ 行

対称化作用素　51
対称代数　61
対称テンソル　50
代数　50
対等　20
（結合）多元環　50
多元体　115
単位指標　82
単位表現　74
単因子　22
短完全系列　15
単射 R-加群　71
単純環　110
中国人剰余定理　28
重複度　86
直既約　104
直和　9, 10, 76
直交　84
テンソル積　36, 48
　──の性質　38
テンソル代数　49
同値　74

ナ 行

内積の性質　84
長さ　102
中山の補題　109
入射　10
ねじれ R-加群　14
ねじれがない　14
ねじれ元　14
ねじれ積　66
ねじれ部分　14
ネター加群　98
ネター環　98

ハ 行

半単純環　82
反変代数　50
反変テンソル空間　48
左 R-加群　1
左正則表現　75
標準基底　12
標準的 R-準同型写像　7
ヒルベルトの基底定理　99
複体　18
部分表現　79
プリュッカー座標　61
分裂する　62
平坦　46
べき等　52
べき零根基　115
ベクトル空間　3

マ 行

マシュケの定理　82
右 R-加群　2
右正則表現　75

ヤ 行

有限生成　5
　──アーベル群の基本定理　27
有限表示　33

誘導表現　95
ユニモジュラー行列　20
余核　7
余像　7

ラ 行

ランク　13

類関数　83
零 R-加群　3
零化イデアル　14, 107
零元　1

ワ 行

和　5, 76

人名表

秋月	秋月康夫　(1902–84)	102
アーベル	N. H. Abel　(1802–29)	1
アルティン	E. Artin　(1898–1962)	82
ウェッダーバーン	J. H. M. Wedderburn　(1882–1948)	82
クライン	F. Klein　(1849–1925)	95
グラスマン	H. G. Grassmann　(1809–87)	61
クルル	W. Krull　(1899–1970)	106
クロネッカー	L. Kronecker　(1823–91)	41
ジャコブソン	N. Jacobson　(1910–99)	107
シューア	I. Schur　(1875–1941)	80
シュミット	O. Y. Schmidt　(1891–1956)	106
ジョルダン	C. Jordan　(1838–1922)	83
ツォルン	M. A. Zorn　(1906–93)	108
中山	中山正　(1912–64)	109
ネター	A. E. Noether　(1882–1935)	97
ハミルトン	W. R. Hamilton　(1805–65)	115
ヒルベルト	D. Hilbert　(1862–1943)	99
プリュッカー	J. Plücker　(1801–68)	61
マシュケ	H. Maschke　(1853–1908)	79
ラプラス	P. S. Laplace　(1749–1827)	126
リース	D. Rees　(1918–)	114
レマク	R. Remak　(1888–1942)	106

著者略歴

桂 利行（かつら・としゆき）
1972年 東京大学理学部数学科卒業．
現　在 東京大学名誉教授．理学博士．
主要著書 『代数学 I　群と環』
（東京大学出版会, 2004），
『代数学 III　体とガロア理論』
（東京大学出版会, 2005），
『代数幾何入門』（共立出版, 1998），
『正標数の楕円曲面』（上智大学数学
講究録 no.25, 1987）．

代数学 II　環上の加群　　　　大学数学の入門②
2007 年 3 月 19 日　初　版
2021 年 7 月 20 日　第 5 刷

[検印廃止]

著　者　桂 利行
発行所　一般財団法人 東京大学出版会
　　　　代表者 吉見俊哉
　　　　153-0041 東京都目黒区駒場 4-5-29
　　　　電話 03-6407-1069　　Fax 03-6407-1991
　　　　振替 00160-6-59964
印刷所　二美印刷株式会社
製本所　牧製本印刷株式会社

ⓒ2007 Toshiyuki Katsura
ISBN 978-4-13-062952-2 Printed in Japan

JCOPY〈出版者著作権管理機構 委託出版物〉
本書の無断複写は著作権法上での例外を除き禁じられてい
ます．複写される場合は，そのつど事前に，出版者著作権管理
機構（電話 03-5244-5088, FAX 03-5244-5089, e-mail:
info@jcopy.or.jp）の許諾を得てください．

代数学 I　群と環	桂 利行	A5/1600 円
代数学 III　体とガロア理論	桂 利行	A5/2400 円
幾何学 I　多様体入門	坪井 俊	A5/2600 円
幾何学 II　ホモロジー入門	坪井 俊	A5/3500 円
幾何学 III　微分形式	坪井 俊	A5/2600 円
線形代数の世界　抽象数学の入り口	斎藤 毅	A5/2800 円
集合と位相	斎藤 毅	A5/2800 円
数値解析入門	齊藤宣一	A5/3000 円
常微分方程式	坂井秀隆	A5/3400 円
数学　理性の音楽	岡本・薩摩・桂	A5/2800 円
ベクトル解析入門	小林 亮・高橋大輔	A5/2800 円
多様体の基礎	松本幸夫	A5/3200 円
偏微分方程式入門	金子 晃	A5/3400 円
整数論	森田康夫	A5/4600 円
数学の基礎	齋藤正彦	A5/2800 円
微分幾何学	今野 宏	A5/3600 円
数学原論	斎藤 毅	A5/3300 円

ここに表示された価格は本体価格です．御購入の際には消費税が加算されますので御了承下さい．